Axel Rausch

Dipl.-Ing. Axel Rausch

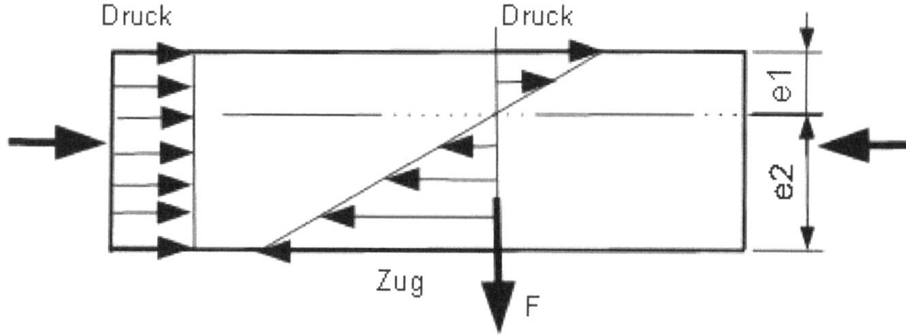

Statik, Dynamik, Reibung

Technische Mechanik

Festigkeitslehre

Technikerausbildung Maschinenbau und

Luftfahrzeugtechnik

Axel Rausch

Dipl.-Ing. Axel Rausch
Statik, Dynamik, Reibung
Technische Mechanik - Festigkeitslehre
Oberding: Reimo-Verlag, 2016

ISBN 978 - 3 – 942867 – 46 – 7

Am Mitterfeld 3, 85445 Oberding
Tel.: 08122 / 47 99 715 oder / 79 90
Fax: 08122 / 47 99 714
E-Mail: reimo_verlag@gmx.de
www.reitmajer-verlag.de

Covergestaltung: Dipl.-Ing. Axel Rausch

ISBN 978 - 3 – 942867 – 46 – 7

Axel Rausch

Vorwort zur 1. Auflage

Dieses Buch beruht auf meiner langjährigen Lehrtätigkeit in der Technikerausbildung der Fachrichtungen des Maschinenbaus und der Luftfahrzeugtechnik.

Nachdem viele meiner Studenten den Wunsch nach einem Buch über die Grundlagen der Technikerausbildung geäußert haben, liegt hiermit die 1. Auflage vor.

Diese 1. Auflage des Buches beschäftigt sich mit den Grundlagen der Physik, der Reibung, der technischen Mechanik und der Festigkeitslehre.

Die vorgenannten Bereiche sind hier nur insoweit bearbeitet worden, wie es zur Ausbildung zum Techniker des Maschinenbaus oder der Luftfahrzeugtechnik notwendig erschien.

Ein weiterer Wunsch, der vonseiten meiner Studenten an mich herangetragen wurde, ist der Wunsch nach einer aussagekräftigen Aufgabensammlung mit entsprechend nachvollziehbaren Lösungen, speziell im Bereich des Maschinenbaus.

Aus diesem Grund ist in der Folge als Nächstes eine entsprechende Aufgabensammlung in Richtung der vorgenannten Ausbildungsgänge in Planung.

In der jetzigen 1. Auflage werden Sie deshalb auch keine Berechnungsbeispiele zu den einzelnen angesprochenen Fachbereichen finden.

Um genügend Platz für Ihre persönlichen Ergänzungen und eigenen Notizen vorzuhalten, ist dieses Buch in einseitigem Druck verfasst.

Ein Buch lebt von Anregungen und Verbesserungsvorschlägen von Studenten und Dozenten. Für den Informationsaustausch wenden Sie sich bitte an den Verlag oder an den Autor direkt unter folgender E-Mail-Adresse:

Ing-buero-a-rausch@t-online.de

Dipl.-Ing. Axel Rausch

Buchholz, August 2016

Axel Rausch

Inhaltsverzeichnis

Axel Rausch

Axel Rausch

1. Physikalische Größen

Die Physik (von lateinisch physica = Naturlehre) ist die wissenschaftliche Erforschung der Naturerscheinungen. Somit ist Physik eine *Naturwissenschaft* und sie untersucht die grundlegenden Phänomene in der Natur.

Unter physikalischen Größen verstehen wir die Beschreibung eines physikalischen Zustandes (Druck, Dichte, Viskosität) oder die Beschreibung eines physikalischen Vorganges (Beschleunigung, Geschwindigkeit, Rotation).

Die physikalische Größe ist das Ergebnis einer Messung oder einer Berechnung aus Messergebnissen.

Sie besteht aus einem Zahlenwert und einer Einheit (Dimension) z. B. 12 kW, 500 bar, 16 km usw.

1.1 Skalar und Vektor

Wir unterscheiden grundsätzlich zwischen skalaren und vektoriellen Größen. Skalare Größen sind durch einen Zahlenwert und die zugehörige Einheit bestimmt, wie z. B. Temperatur, Dichte, Druck, Leistung, Zeit usw.

Vektorielle Größen hingegen werden bestimmt durch einen Zahlenwert, eine Einheit, eine Richtung und einen Richtungssinn.
Wir stellen Vektoren als Pfeile dar, wobei die Wirklinie die Richtung bestimmt. Der Richtungssinn wird durch den Pfeil vorgegeben und der Zahlenwert ist durch die Länge (maßstäblich aufgetragen) festgelegt.

Als Beispiel in der folgenden Darstellung zweier Kraftvektoren zu sehen.

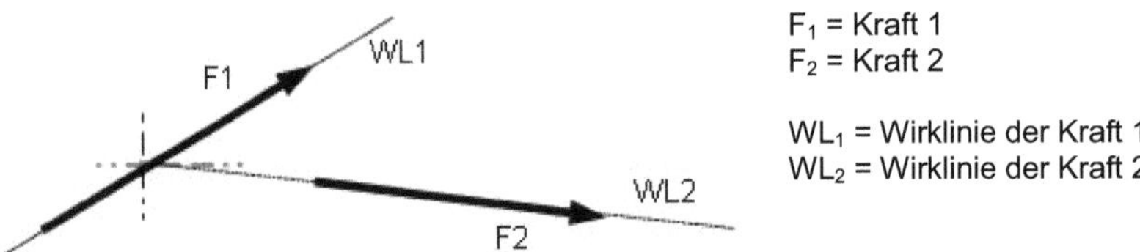

F_1 = Kraft 1
F_2 = Kraft 2

WL_1 = Wirklinie der Kraft 1
WL_2 = Wirklinie der Kraft 2

Unzweifelhaft erkennbar sind hier die Längen (Zahlenwerte), die Richtungen auf den Wirklinien und durch den Pfeil bestimmt, der Richtungssinn.

Weiterhin erkennbar ist, dass Vektoren auf ihrer Wirklinie beliebig (weit) verschoben werden können, ohne ihre Wirkung auf den Angriffspunkt (hier das Linienkreuz) zu verändern.

Somit können wir mit Vektoren z. B. die Richtung, die Geschwindigkeit und den Richtungssinn von Flugzeugen, Schiffen und anderen beliebigen Körpern darstellen. Somit sind Vektoren z. B. in der Navigation nicht mehr wegzudenkende Werkzeuge.

1.2 SI – Einheitensystem – Basisgrößen und Basis-, abgeleitete, kohärente und nicht kohärente Einheiten

Das SI (von frz. system international d'unités) ist das am weitesten verbreitete internationale Einheitensystem.

Die Basiseinheiten sind in verschiedenen Normen geregelt.

Im SI gibt es **sieben Basiseinheiten**. Alle anderen physikalischen Einheiten sind aus diesen Basiseinheiten abgeleitet.

Alle physikalischen Einheiten bilden die kohärenten SI-Einheiten, sofern sie nicht zusammen mit SI-Präfixen (z. B. Kilo oder Milli) verwendet werden.

Eine Ausnahme bildet das Kilogramm, das als Basiseinheit bereits mit dem SI-Präfix Kilo versehen ist.
Durch Verwendung von SI-Präfixen werden kohärente SI-Einheiten zu nicht kohärenten SI-Einheiten.
Alle diese Einheiten, sowohl die kohärenten als auch die nicht kohärenten SI-Einheiten, bilden die Menge der SI-Einheiten.

Beispiele:

Die Längen-Einheit Meter (m) ist eine SI-Basiseinheit, eine kohärente SI-Einheit und eine SI-Einheit.

Die Masse-Einheit Kilogramm (kg) ist eine SI-Basiseinheit, eine kohärente SI-Einheit und eine SI-Einheit.

Die Kraft-Einheit Newton (N) ist eine abgeleitete SI-Einheit und eine kohärente SI-Einheit.
Die Kraft-Einheit Kilonewton (kN) ist eine abgeleitete SI-Einheit, aber keine kohärente SI-Einheit.
Eine SI-Basiseinheit ist immer die kohärente Einheit der zugehörigen Basisgröße. Daneben kann sie auch noch als kohärente Einheit abgeleiteter Größen dienen.

Die Einheit Meter (m) ist die Basiseinheit der Basisgröße Länge.
Daneben kann es auch als kohärente abgeleitete Einheit für z. B. eine Menge verwendet werden, wenn sie z. B. als Volumen pro Fläche in $m^3/m^2 = m$ ausgedrückt wird.

Die sieben Basisgrößen und Basiseinheiten:

Basisgröße	Basiseinheit
Länge l	Meter $[m]$
Masse m	Kilogramm $[kg]$
Zeit t	Sekunde $[s]$
Thermodynamische Temperatur T	Kelvin $[K]$
Elektrische Stromstärke I	Ampere $[I]$
Lichtstärke I_V	Candela $[cd]$
Stoffmenge n	Mol $[mol]$

1.3 Präfix – Vielfaches oder Bruchteil von Einheiten

Die Basis- als auch die abgeleiteten Einheiten können wir mit Vorsatzzeichen vervielfachen oder in kleinere Einheiten aufteilen.

Damit wird z. B. aus der Basiseinheit Meter (m) ein Kilometer (km) = 10^3 m.

Vorsatzzeichen	Name	Abkürzg.	Vorsatzzeichen	Name	Abkürzg.
10^1	Deka	da	10^9	Giga	G
10^2	Hekto	h	10^{12}	Tera	T
10^3	Kilo	k	10^{15}	Peta	P
10^6	Mega	M	10^{18}	Exa	E
10^{-1}	Dezi	d	10^{-9}	Nano	n
10^{-2}	Zenti	c	10^{-12}	Pico	p
10^{-3}	Milli	m	10^{-15}	Femto	f
10^{-6}	Mikro	µ	10^{-18}	Alta	a

1.4 Griechische Buchstaben

In der obigen Tabelle wurde ein griechischer Buchstabe (µ) verwandt. Hier als Nächstes die griechischen Buchstaben.

Α	α	Alpha	Ν	ν	Ny
Β	β	Beta	Ξ	ξ	Xi
Γ	γ	Gamma	Ο	ο	Omicron
Δ	δ	Delta	Π	π	Pi
Ε	ϵ	Epsilon	Ρ	ρ	Rho
Ζ	ζ	Zeta	Σ	σ	Sigma
Η	η	Eta	Τ	τ	Tau
Θ	θ	Theta	Υ	υ	Ypsilon
Ι	ι	Iota	Φ	ϕ	Phi
Κ	κ	Kappa	Χ	χ	Chi
Λ	λ	Lambda	Ψ	ψ	Psi
Μ	μ	My	Ω	ω	Omega

1.5 Gleichungen

1.5.1 Größengleichung

In einer Größengleichung beschreiben wir formelmäßig physikalische Vorgänge und Zustände.
Wir definieren z. B. die Geschwindigkeit als den Quotienten aus Weg und Zeit. Als Formel geschrieben ergibt das die allgemeine Form einer Größenwertgleichung.

$v = \frac{s}{t}$ und mit gemessenen oder errechneten Werten versehen → $v = \frac{10\,m}{2\,s} = 5\,\frac{m}{s}$

Wie vorher beschrieben, besteht eine physikalische Größe immer aus dem

Zahlenwert (10) + (2) und der Dimension (m) + (s). Das Ergebnis ist eine abgeleitete Einheit in der Einheit $\frac{m}{s}$.

In größeren Formeln sehe ich allerdings aus Erfahrung eine Schwierigkeit, wenn Zahlenwerte gemeinsam mit den Dimensionen in einer Formel geschrieben werden.

Das führt schnell zu Fehlern, da Buchstaben und Zahlen verwechselt werden können. Das führt uns in das nächste Kapitel.

1.5.2 Dimensionsgleichung

Um möglichen Fehlern aus dem Wege zu gehen, schreiben wir die Größengleichung allgemein mit Zahlenwerten und zusätzlich eine Dimensionsgleichung.

$v = \frac{s}{t} = \frac{10}{2} \frac{m}{s} = 5 \frac{m}{s}$. Es ist empfehlenswert, die Dimensionsgleichung in der gleichen Form wie die Größengleichung zu schreiben. Damit ist ein eventuelles Kürzen von Einheiten direkt sichtbar ($\frac{m}{s}$ und nicht m/s schreiben).

Gleichzeitig werden Sie aus einer unbekannten Dimension darauf schließen können, dass beim Einsetzen der Zahlenwerte oder auch beim Schreiben der Dimensionsgleichung ein Fehler vorliegen muss.

1.5.3 Zahlenwertgleichung

In einer Zahlenwertgleichung legen Sie die Dimensionen der einzusetzenden Zahlenwerte fest, mit der Folge, dass die Dimension des Ergebnisses auch feststeht.

Am gleichen Beispiel wie vorher dokumentiert heißt das: Sie legen fest, dass der Weg s in km eingesetzt wird und die Zeit t in h.

Das heißt, dass das Ergebniss die Dimension km/h haben wird.

$$v = \frac{s}{t} = \frac{10 \cdot 10^{-3}}{\frac{2}{3600}} \frac{km}{h} = 18 \frac{km}{h}$$

2. Masse und Kraft

2.1 Masse

Die Masse eines Körpers (m $[kg]$) ändert sich weder durch seinen Aufenthaltsort (Erde, Mond, Mars) noch durch irgendeine Form der Bewegung, d. h., die Masse eines Körpers ist ein konstanter Wert.

Ausnahme: Die Masse nimmt mit zunehmender Geschwindigkeit zu (Einstein'sche Relativitätstheorie). Dieser Einfluss ist allerdings bei unseren Betrachtungen (Berechnungen mit relativ kleinen Geschwindigkeiten) in der Technik vernachlässigbar klein.

2.2 Trägheitsgesetz – 1.tes Newton'sches Axiom

Isaac Newton, ein englischer Naturforscher, lebte von 1643 – 1726. Er formulierte viele Gesetzmäßigkeiten, darunter das 1.te Newton'sche Axiom, das Trägheitsgesetz. (Axiom = selbsterklärend, einleuchtend, selbstverständlich akzeptiert).

Ein Körper (eine Masse) ist in Ruhe oder im Zustand gleichförmiger Bewegung, so lange keine Kraft auf ihn einwirkt. D. h. im Umkehrschluss: Um einen Körper in Bewegung zu versetzen, muss eine Kraft auf ihn einwirken.

2.3 Beschleunigungsgesetz – 2.tes Newton'sches Axiom – Kraft

Um einen Körper (eine Masse) in Bewegung zu versetzen – d. h., von einer Geschwindigkeit 0 auf eine beliebige Geschwindigkeit zu bringen – müssen wir ihn beschleunigen.
Das hat Newton in seinem 2.ten Axiom definiert und als Formel geschrieben.

Wenn wir also eine Kraft einsetzen müssen und gleichzeitig eine Beschleunigung notwendig ist →

$F = m \cdot a$ $N = kg \cdot \frac{m}{s^2}$	F = Kraft $[N]$ = [kgm/s²] m = Masse $[kg]$ a = Beschleunigung $[m/s^2]$

Damit ist die heute am häufigsten gebrauchte Dimension der Kraft definiert, das Newton $[N]$.

Die Dimension der Beschleunigung wird in einem späteren Kapitel hergeleitet.

2.4 Wechselwirkungsgesetz – 3.tes Newton'sches Axiom – Actio = Reactio - die Gewichtskraft -

Ein Körper (eine Masse) liegt auf einer beliebigen Unterlage, z. B. dem Erdboden.

Aufgrund eines Beschleunigungswertes (der Erdbeschleunigung g = 9,81 m/s² – durch die Gravitation bedingt) wird nach dem vorher beschriebenen 2.ten Axiom eine Kraft entstehen.

Diese Kraft ist zum Erdmittelpunkt gerichtet. Damit ist die Richtung und ein Richtungssinn erkannt.

Damit ist auch erkennbar, dass die damit definierte Gewichts-Kraft (F_G) ein Vektor ist. Um diesen Vektor insgesamt zu definieren, fehlt der Zahlenwert.
Dieser ergibt sich zu $F = m \cdot a$ (allgemein) und zu

$F_G = m \cdot g$ = Gewichtskraft auf der Erde mit g = 9,81 m/s²

Diese Gleichung ist natürlich auch außerhalb der Erde anwendbar. Die Beschleunigungswerte haben dann, z. B. auf dem Mond, naturgemäß andere Zahlenwerte.

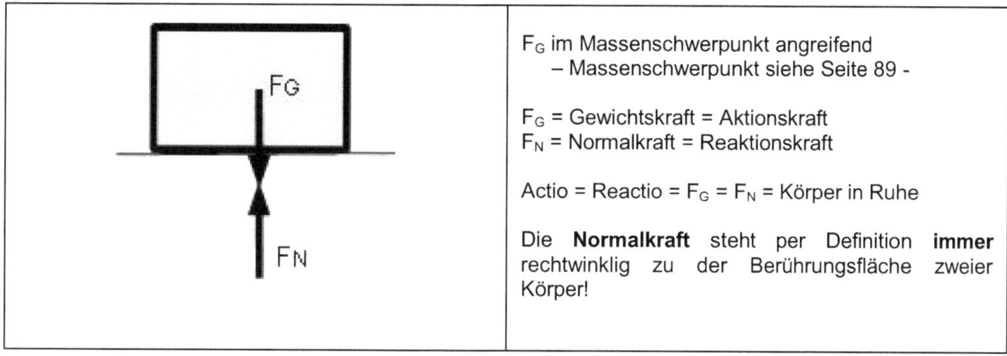

F_G im Massenschwerpunkt angreifend
– Massenschwerpunkt siehe Seite 89 -

F_G = Gewichtskraft = Aktionskraft
F_N = Normalkraft = Reaktionskraft

Actio = Reactio = $F_G = F_N$ = Körper in Ruhe

Die **Normalkraft** steht per Definition **immer** rechtwinklig zu der Berührungsfläche zweier Körper!

Ein französischer Wissenschaftler mit Namen d'Alembert hat prinzipiell das Gleiche in einem anderen Ansatz mit gleicher Konsequenz formuliert:

$F - m \cdot a = 0$ - Prinzip von d'Alembert

3. Bewegung

3.1 Lineare Bewegung

Wie in den vorhergehenden Kapiteln schon gesagt, benötigen wir eine Kraft ($F = m \cdot a$), um einen Körper zu beschleunigen und damit in Bewegung zu versetzen.
Das Ergebnis der Beschleunigung ist eine Geschwindigkeit.

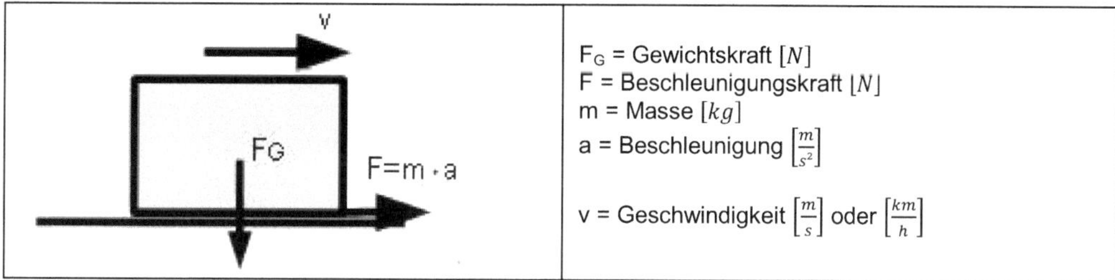

F_G = Gewichtskraft $[N]$
F = Beschleunigungskraft $[N]$
m = Masse $[kg]$
a = Beschleunigung $\left[\frac{m}{s^2}\right]$

v = Geschwindigkeit $\left[\frac{m}{s}\right]$ oder $\left[\frac{km}{h}\right]$

Diese Kraft F ist **nur** für die Beschleunigung verantwortlich.

Um eine Bewegung zu realisieren, müssen wir naturgemäß noch einige Widerstände überwinden, so z. B. Reibungswiderstände, den Luftwiderstand usw.
Auf diese zu überwindenden Widerstände und deren Berechnung gehe ich im Kapitel „Technische Mechanik" ein.

3.1.1 Geschwindigkeit

Der Begriff der Geschwindigkeit muss wohl nicht explizit erläutert werden. Ich denke, dass der Begriff einer Geschwindigkeit jedem von Ihnen prinzipiell bekannt ist.
Wir schreiben die Geschwindigkeit als Gleichung als Quotient des Weges über der Zeit.

Diesen Zusammenhang können wir, wie weiter gezeigt, auch in einem Weg-Zeit (s, t)-Diagramm darstellen.

Hier ist das für eine gleichförmige Bewegung (v = constant) dargestellt.

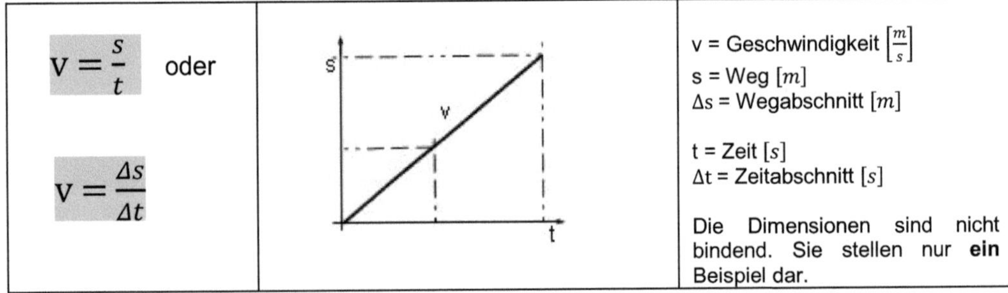

$v = \frac{s}{t}$ oder $v = \frac{\Delta s}{\Delta t}$		v = Geschwindigkeit $\left[\frac{m}{s}\right]$ s = Weg $[m]$ Δs = Wegabschnitt $[m]$ t = Zeit $[s]$ Δt = Zeitabschnitt $[s]$ Die Dimensionen sind nicht bindend. Sie stellen nur **ein** Beispiel dar.

Nach Umstellen der Gleichung für die Geschwindigkeit ergibt sich das Geschwindigkeit-Zeit (v, t)-Diagramm, wiederum für eine gleichförmige (v = const.) Bewegung.

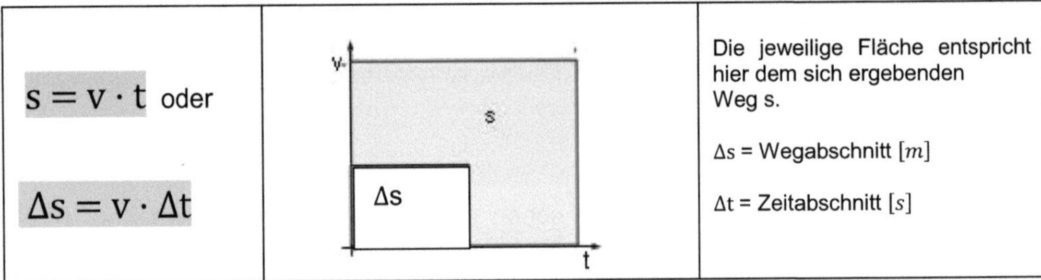

$s = v \cdot t$ oder $\Delta s = v \cdot \Delta t$		Die jeweilige Fläche entspricht hier dem sich ergebenden Weg s. Δs = Wegabschnitt $[m]$ Δt = Zeitabschnitt $[s]$

3.1.2 Beschleunigung

Unter einer gleichmäßigen Beschleunigung verstehen wir den Quotienten aus der Geschwindigkeitsänderung Δv und dem dazugehörigen Zeitabschnitt Δt.
Daraus entsteht das Beschleunigungs-Zeit (a, t)-Diagramm für eine gleichmäßige Beschleunigung.

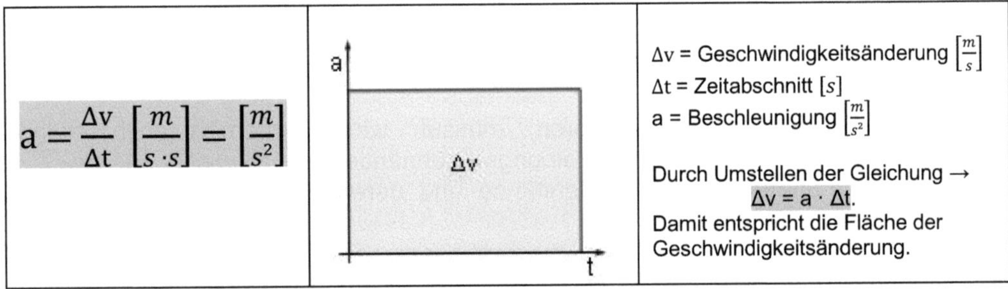

$a = \frac{\Delta v}{\Delta t} \left[\frac{m}{s \cdot s}\right] = \left[\frac{m}{s^2}\right]$		Δv = Geschwindigkeitsänderung $\left[\frac{m}{s}\right]$ Δt = Zeitabschnitt $[s]$ a = Beschleunigung $\left[\frac{m}{s^2}\right]$ Durch Umstellen der Gleichung → $\Delta v = a \cdot \Delta t$. Damit entspricht die Fläche der Geschwindigkeitsänderung.

3.1.3 Arbeit

Jeder kennt das: Arbeit macht Müh und viel Arbeit macht Mühe!

Übersetzt heißt das nichts anderes als: Wenn Sie einen leichten Gegenstand einen langen Weg befördern, macht Ihnen das genau so viel Arbeit, als wenn Sie einen schweren Gegenstand über einen entsprechend kürzeren Weg bewegen.

Damit ist der Grundstein für die physikalische Definition der Arbeit gelegt.

Wir definieren Arbeit als eine aufzuwendende Kraft längs eines Weges. Damit wird Arbeit zu:

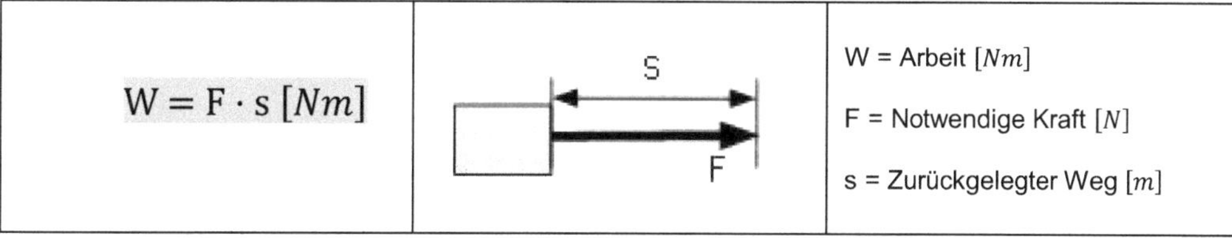

$W = F \cdot s\ [Nm]$		W = Arbeit $[Nm]$ F = Notwendige Kraft $[N]$ s = Zurückgelegter Weg $[m]$

3.1.4 Leistung

Wer in kurzer Zeit viel Arbeit verrichtet, leistet viel. Wer also in einer längeren Zeit die gleiche Arbeit tut, leistet damit weniger.

Damit ist die Definition der Leistung definiert:

$P = \frac{W}{t}\left[\frac{Nm}{s}\right] \rightarrow$ $P = F \cdot v \left[\frac{Nm}{s}\right]$	P = Leistung $\left[\frac{Nm}{s}\right]$ oder $[W]$ W = Arbeit $[Nm]$ t = Zeit $[s]$

3.1.5 Energie

Wenn wir mithilfe einer Kraft eine Bewegung erzeugen, haben wir nach dem vorherigen Kapitel eine Arbeit verrichtet.
D. h., im Umkehrschluss, dass in diesen Körper Arbeit investiert wurde und dieser damit einen Energieinhalt hat. Anders gesagt: Energie ist damit definiert als Arbeitsvermögen.

3.1.6 Energie der Lage – Potenzielle Energie – Hubarbeit

Wenn wir also einen Körper um einen Weg h heben, legen wir dabei den Weg h zurück. Dafür müssen wir eine Kraft aufwenden und verrichten damit Arbeit. Diese Arbeit nennen wir Hubarbeit.

Damit ist die Hubarbeit definiert als:

$W = F \cdot h\ [Nm]$	W = Arbeit $[Nm]$ = Hubarbeit F = Notwendige Kraft $[N]$ h = Zurückgelegter Weg $[m]$ = Gehobene Höhe

Wir haben eine Arbeit verrichtet, indem wir den Körper gehoben haben.

Deshalb nennen wir diese Arbeit auch Hubarbeit.

Damit hat dieser Körper auch einen Energieinhalt. Diesen Energieinhalt nennen wir die Energie der Lage oder auch potenzielle Energie.

$E_{pot} = F_G \cdot h = m \cdot g \cdot h\ [Nm]$	E_{pot} = Potenzielle Energie $[Nm]$ F_G = Gewichtskraft $[N]$ h = Zurückgelegter Weg $[m]$ = Gehobene Höhe m = Masse $[kg]$ g = Erdbeschleunigung = 9,81 $\left[\frac{m}{s^2}\right]$

3.1.7 Energie der Bewegung – Kinetische Energie

Wie in den vorhergehenden Kapiteln schon erwähnt, benötigen wir eine Kraft, um einen Körper in Bewegung zu versetzen.

Unter Bewegung verstehen wir, einen Körper aus der Ruhe (0 m/s) auf eine beliebige Geschwindigkeit zu beschleunigen. Dafür wenden wir die Kraft F = m·a auf.

Wenn also dieser Körper eine Geschwindigkeit hat, bewegt er sich somit längs eines Weges. Damit verrichten wir Arbeit.

Damit hat dieser Körper auch einen Energieinhalt. Diesen Energieinhalt nennen wir die „Energie der Bewegung“ oder auch „Kinetische Energie“.

$F = m \cdot a$ und $a = \frac{v}{t} \rightarrow F = m \cdot \frac{v}{t}$ Da Energie(inhalt) = Arbeit(svermögen) → $F \cdot s = m \cdot \frac{v}{t} \cdot s$ und $s = v \cdot t/2$ → s. Diagramm → $E_{Kin} = m \cdot \frac{v \cdot v \cdot t}{t \cdot 2} \rightarrow E_{Kin} = \frac{m \cdot v^2}{2} \left[\frac{kg\, m^2}{s^2}\right] = [Nm]$	E_{Kin}= Kinetische Energie $[Nm]$ v s=v · t/2 t

3.1.7.1 Energieerhaltungssatz

Energie geht nicht verloren. Sie wird nur in eine andere Energieform umgewandelt.

Sie alle kennen das: Sie haben vor Kurzem Ihr Fahrzeug aufgetankt. Sie wissen, dass 1 Liter Benzin einen Heizwert (Energieinhalt) von ca. 37.000 kJ hat.

Ihr Motor verwendet davon aber nur ca. 36 % dafür, um Ihr Fahrzeug zu bewegen (um die gewünschte Arbeit zu verrichten). Aus den vorherigen Kapiteln wissen Sie, dass wir Energie als Arbeitsvermögen definieren.

Platz für Ihre persönlichen Erweiterungen

Bleibt also die Frage: Wo sind die restlichen 64% Energie verblieben?
Das führt uns zu einem neuen Begriff, dem geschlossenen System.

Wenn wir also die Energiebilanz eines geschlossenen Systems (hier Ihrem Fahrzeug) betrachten, kommen wir nach dem vorher Gesagten zu dem Ergebnis, dass diese 64 % Energie in eine andere Energieform übergegangen sein müssen, denn, sie wurden nicht in Arbeit umgesetzt.

Wo also ist diese Energie verblieben? (s. hierzu auch Physik Kap. 4.7)

Diese Betrachtungen möchte ich an einem maschinenbaulichen Beispiel erläutern.

Sie alle kennen eine Krananlage. Diese wird von einem Motor angetrieben. Dieser (Elektro) Motor entnimmt dem Stromnetz eine Spannung und einen Strom und damit Energie.
Aber nicht die gesamte aus dem Stromnetz entnommene Energie wird in (Hub) Arbeit (s. Kap. 3.1.6) umgesetzt, sondern nur ein Teil. Der Rest der Energie wird zur Überwindung von Reibungswiderständen, z. B. der Lagerreibung und der Seilreibung etc., benötigt.

Damit wird durch die Reibung dieser Anteil in eine andere Energieform, die Wärmeenergie umgesetzt. Das führt uns im geschlossenen System (hier der Krananlage) zu folgendem Ansatz.

(Gezeigt ist hier schematisch ein Antriebsmotor, ein Getriebe mit 4 Zahnrädern, ein zweistufiges Getriebe, und eine Seiltrommel).

Geschlossenes System

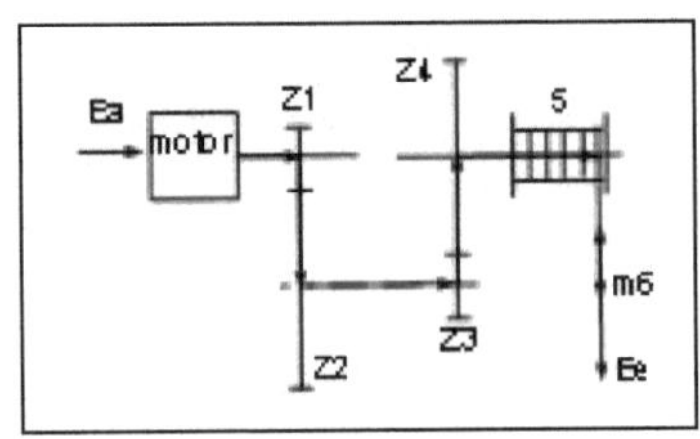

E_a = Energie am Anfang $[Nm]$
E_e = Energie am Ende $[Nm]$

z_1 = Zahnrad 1

E_5 = Verlustenergie durch Seilreibung $[Nm]$
$E_{1/2}$ = Verlustenergie zwischen z_1 und z_2 $[Nm]$
$E_{3/4}$ = Verlustenergie zwischen z_3 und z_4 $[Nm]$
E_{LG} = Verlustenergie durch Lagerreibung $[Nm]$

h = Hubhöhe (Hubweg) $[m]$
m_6 = Zu hebende Masse $[kg]$

$m \cdot g \cdot h = F_g \cdot h$ = Verrichtete (Hub) Arbeit

Die Energie am Anfang ist also gleich der Energie am Ende.

→ $$E_a = E_{1/2} + E_{3/4} + E_{LG} + E_5 + m_6 \cdot g \cdot h = E_e$$ Energieerhaltungssatz

3.1.8 Gleichmäßig beschleunigte Bewegung

Wie der Name schon sagt, ist hier der Wert der linearen Beschleunigung (a) über den gesamten Beschleunigungsweg (der gesamten Beschleunigungszeit) gleichmäßig, d. h., der Wert der Beschleunigung ist konstant. (a = const.) Das heißt aber auch, dass am Ende der Beschleunigung eine Geschwindigkeit vorhanden ist, mit der sich die beschleunigte Masse bewegt.

Damit hat diese Masse aber auch einen Energieinhalt: Energie der Bewegung oder Kinetische Energie genannt.

Aus dem vorher Gesagten wissen Sie auch, dass Energie = Arbeitsvermögen.

Damit können wir also schreiben:

Arbeitsvermögen = Kinetische Energie = F·s = m · a · s = $\frac{m \cdot v^2}{2}$ →

$m \cdot a \cdot s = \frac{m \cdot v^2}{2}$ →	m = Masse $[kg]$
$v = \sqrt{2 \cdot a \cdot s}$	a = Beschleunigung $\left[\frac{m}{s^2}\right]$
$s = a \cdot t^2/2$	s = Beschleunigungsweg $[m]$
$t = \sqrt{\frac{2 \cdot s}{a}}$	t = Beschleunigungszeit $[s]$
	v = Endgeschwindigkeit nach Beschleunigung $\left[\frac{m}{s}\right]$

3.1.8.1 Freier Fall – Sonderfall der gleichmäßig beschleunigten Bewegung

Den freien Fall nennen wir einen Sonderfall der gleichmäßig beschleunigten Bewegung, da hier naturgemäß der Wert der Beschleunigung konstant ist.
D. h., auf der Erde ist der Wert der Beschleunigung immer = g = 9,81 $\left[\frac{m}{s^2}\right]$.
Der freie Fall ist ein natürlicher Vorgang, der ohne zusätzlich zugeführte Energie von außen stattfindet.
Wenn wir also von außen keine Energie zuführen, heißt das, dass wir mit einem Energieinhalt einer fallenden Masse rechnen können und formulieren das so, dass wir die potenzielle Energie der Masse in kinetische Energie umwandeln →

Potenzielle Energie = Kinetische Energie = m · g · h = $\frac{m \cdot v^2}{2}$ →

$m \cdot g \cdot h = \frac{m \cdot v^2}{2}$ →	m = Masse $[kg]$
$v = \sqrt{2 \cdot g \cdot h}$	g = Erdbeschleunigung = 9,81 $\left[\frac{m}{s^2}\right]$
$h = g \cdot t^2/2$	h = Fallhöhe $[m]$
$t = \sqrt{\frac{2 \cdot h}{g}}$	t = Fallzeit $[s]$
	v = Endgeschwindigkeit nach dem Fall $\left[\frac{m}{s}\right]$

3.1.9 Formänderungsarbeit – Spannungsenergie

Wenn wir ein Teil auf Zug belasten, wird das Teil seine Länge ändern. Es wird sich dehnen.
Durch diese Dehnung entsteht in diesem Teil eine Spannung. (Die einzelnen Spannungsarten behandeln wir im Kapitel „Technische Mechanik").
Um dieses Teil zu dehnen, benötigen wir eine Kraft. Wenn wir das Teil also mithilfe einer Kraft und einem Weg, der Dehnung, in seiner Länge verändern, verrichten wir damit Arbeit.

Dieser Arbeit geben wir den Namen Formänderungs-Arbeit.
Nach dieser Formänderung hat dieses Teil also auch einen Energieinhalt. Diese gespeicherte Energie nennen wir die Spannungsenergie.

Das alles gilt für jedes beliebige Bauteil und damit selbstverständlich auch für eine Feder.

Das wiederum heißt im Umkehrschluss, dass wir jedes beliebige Bauteil auch als Feder ansehen können.

Diese Tatsache werden wir uns z. B. bei der Berechnung von Schrauben zunutze machen.

Damit können wir sagen, dass die Form-Änderungs-Arbeit gleich der Federarbeit ist und somit auch gleich der gespeicherten Spannungsenergie.

$E_S = W_S = F \cdot \frac{s}{2}$ s. Diagramm → W_S = Federarbeit = Spannungsarbeit E_S = Federenergie = Spannungsenergie F = Spannkraft = Federkraft = Zugkraft s = Federweg = Längenänderung der Feder	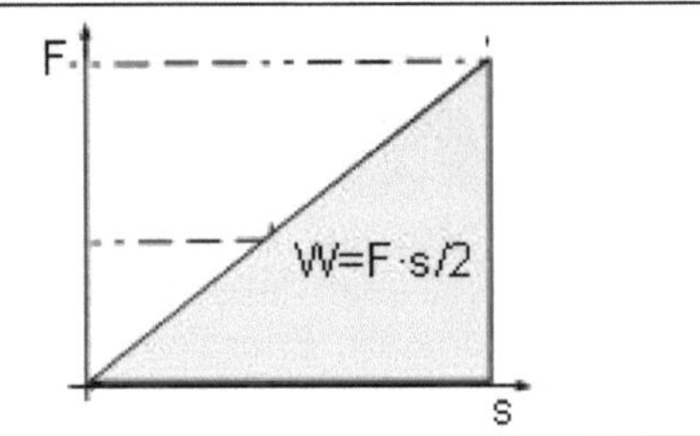

3.1.10 Federkonstante

Wir definieren die Federkonstante einer beliebigen (zug - oder druckbelasteten) Feder als den Quotienten aus Kraft F und der zugehörigen Federlängenänderung.

Wir ersetzen hier den Weg s durch die Federlängenänderung Δf. Damit wird die Federkonstante zu:

$C = \frac{F}{\Delta f} \left[\frac{N}{mm}\right]$	C = Federkonstante $\left[\frac{N}{mm}\right]$ Δf = Längenänderung der Feder $[mm]$ F = Kraft $[N]$

3.1.11 Impuls (linearer Impuls)

Als Grundlage dient uns hier das 2.te Newton'sche Axiom F = m ·a.

Weiterhin ist Ihnen geläufig, dass wir die lineare Beschleunigung als a = Δv/Δt definiert haben. →

$F = m \cdot a = m \cdot \frac{\Delta v}{\Delta t}$ →	F = Kraft $[N]$ m = Masse $[kg]$ a = Beschleunigung $\left[\frac{m}{s^2}\right]$
$m \cdot \Delta v = F \cdot \Delta t$	Δv = Differenzgeschwindigkeit $\left[\frac{m}{s}\right]$ Δt = Zeitdifferenz $[s]$
$m \cdot \Delta v$ = Impuls	m · Δv = Impuls $\left[\frac{kg\ m}{s}\right]$
$F \cdot \Delta t$ = Kraftstoß	F · Δt = Kraftstoß $\left[\frac{kg\ m}{s}\right]$

4. Drehbewegung – Rotation

Bei der bisher besprochenen linearen Bewegung bewegen sich eine oder auch mehrere Massen in eine Richtung.

Bei der Rotationsbewegung haben wir naturgemäß keine lineare Bewegung mehr, sondern eine oder mehrere Massen, die sich im Normalfall auf einer Kreisbahn bewegen.
Die zwangsläufig daraus entstehenden Unterschiede zur linearen Bewegung möchte ich Ihnen anhand eines aussagekräftigen Bildes dokumentieren.

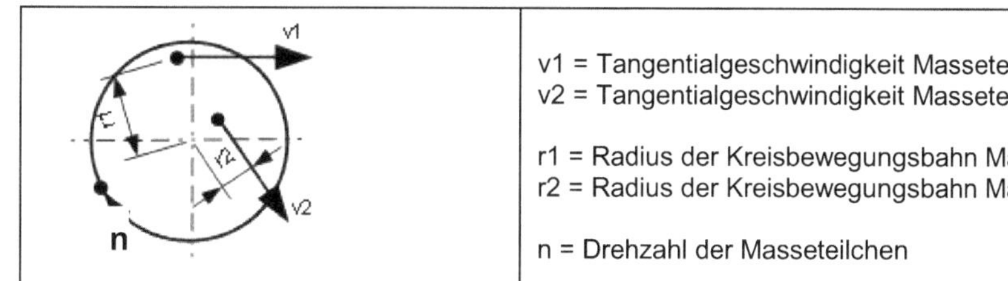

v1 = Tangentialgeschwindigkeit Masseteilchen 1
v2 = Tangentialgeschwindigkeit Masseteilchen 2

r1 = Radius der Kreisbewegungsbahn Masseteilchen 1
r2 = Radius der Kreisbewegungsbahn Masseteilchen 2

n = Drehzahl der Masseteilchen

Wenn das im Bild gezeigte Masseteilchen 1 die Kreisbahn, auf der es sich bewegt, verlässt, wird dieses Masseteilchen wieder eine lineare Bewegung haben. Es verlässt die Kreisbahn tangential und hat damit eine Tangentialgeschwindigkeit.

Dieses Masseteilchen 1 hat aber auf seiner eigenen Kreisbahn auch eine entsprechende Geschwindigkeit.

Bei der linearen Bewegung haben alle Masseteilchen einer Gesamtmasse die gleiche Beschleunigung und am Ende dieser Beschleunigung auch die gleiche Geschwindigkeit. Das gilt in diesem Zusammenhang natürlich nur für sogenannte starre Körper, nicht für elastische Körper.
Das ändert sich bei der Rotation grundsätzlich, denn: Wenn sie sich jetzt in dem besagten Bild das Masseteilchen 2 ansehen, können Sie feststellen, dass dieses Masseteilchen 2 eine andere Geschwindigkeit als das Masseteichen 1 haben muss.

Den Grund dafür haben sie bereits erkannt. Beide Masseteilchen bewegen sich auf einem anderen Radius und damit auch auf einem anderen Durchmesser.

Damit wird eines vollkommen klar. Wie schon einmal erwähnt, sind die Bewegungen der einzelnen Masseteilchen bei der linearen Bewegung identisch.
Wie wir durch die vorangegangenen Betrachtungen festgestellt haben, ist die Bewegung der einzelnen Masseteilchen hier unterschiedlich, sowohl in den Beschleunigungswerten als auch in den daraus resultierenden Geschwindigkeiten.

Das wiederum wird eine vollkommen andere Betrachtungsweise zur Folge haben müssen und führt uns zu einer bisher unbekannten Größe, der Winkelgeschwindigkeit.

4.1 Winkelgeschwindigkeit – Winkelbeschleunigung

Mit dieser anderen Definition der Geschwindigkeit auf einer nicht linearen Bahn (einem nicht linearen Weg) machen wir uns von den Durchmessern, auf denen sich die Masseteilchen bewegen, vollkommen unabhängig.

Die Geschwindigkeit einer Masse oder eines Masseteilchens auf einer Kreisbahn beschreiben wir durch die Umfangsgeschwindigkeit.

$v = d \cdot \pi \cdot n \left[\frac{m}{s}\right]$	v = Umfangs – Geschwindigkeit $\left[\frac{m}{s}\right]$ d = Durchmesser der Kreisbahn $[m]$ n = Drehzahl $\left[\frac{1}{s}\right]$

Wenn wir diese Gleichung nun etwas umformulieren, indem wir den Durchmesser ersetzen durch einen Radius mit dem Wert 1, entsteht die Gleichung der Winkelgeschwindigkeit. (keine mathematische, sondern eine gefühlsmäßige Herleitung)

$v = d \cdot \pi \cdot n = 2r \cdot \pi \cdot n = 2 \cdot 1 \cdot \pi \cdot n \rightarrow$ $\omega = 2 \cdot \pi \cdot n \left[\frac{1}{s}\right]$	ω = Winkelgeschwindigkeit $\left[\frac{rad}{s}\right]$ oder $\left[\frac{1}{s}\right]$ rad = Radiant wobei 2π rad = 360° → $\alpha_{rad} = \frac{2\pi \cdot \alpha^\circ}{360^\circ}$ α° = Winkel [°] n = Drehzahl $\left[\frac{1}{s}\right]$

Das hat natürlich auch zur Folge, da eine Geschwindigkeit oder eine Geschwindigkeitsänderung durch eine Beschleunigung entsteht, dass auch eine Winkelbeschleunigung vorhanden sein muss.

Die Winkelbeschleunigung definieren wir analog der linearen Bewegung als eine Geschwindigkeitsänderung über der Zeit. Das führt uns zu folgender Gleichung:

$\alpha = \frac{\Delta\omega}{\Delta t} \left[\frac{m}{s \cdot s}\right] = \left[\frac{m}{s^2}\right]$	Δω = Winkel - Geschwindigkeitsänderung $\left[\frac{m}{s}\right]$ Δt = Zeitabschnitt $[s]$ α = Winkel - Beschleunigung $\left[\frac{m}{s^2}\right]$

4.2 Massenträgheitsmoment und Rotationsenergie

Wir bedienen uns dafür der Energiegleichung der linearen Bewegung und formulieren diese auf eine Drehbewegung um. Wir zerlegen dafür gedanklich die Gesamtmasse in unendlich viele Masseteilchen. Die Einzelenergie jedes Masseteilchens summieren wir am Ende zu einer Gesamtenergie, der Rotationsenergie.

Dann gilt für ein Masseteilchen: aus $\frac{m \cdot v^2}{2}$ und v=d·π·n und ω = 2·π·n → $n = \frac{\omega}{2\pi}$ eingesetzt in v = d·π·n → $v = \frac{2r \cdot \pi \cdot \omega}{2\pi}$ eingesetzt in $\frac{m \cdot v^2}{2}$ → und für alle Masseteilchen: $E_{Rot} = \frac{\Sigma m_i \cdot r_i^2 \cdot \omega^2}{2} = \frac{J_m \cdot \omega^2}{2}$ [Nm]	$J_m = \sum m_i \cdot r_i^2$ = (Massen)Trägheitsmoment $[kgm^2]$ – gehört zu den Initialmomenten – m = Masse $[kg]$ r = Radius $[m]$ ω = Winkelgeschwindigkeit $\left[\frac{1}{s}\right]$ i = Anzahl der Masseteilchen = ∞

Wie wir aus dem Gesagten und durch Formeln formulierten Gegebenheiten ersehen können, ist damit ein neuer Begriff entstanden, das (Massen)Trägheitsmoment.

Das Massenträgheitsmoment, oder auch einfach Trägheitsmoment (2.ten Grades) oder auch Massenmoment genannt, ersetzt somit bei der Drehbewegung die Masse der linearen Bewegung.

4.2.1 Satz von Steiner – Verschiebesatz von Steiner

Im vorhergehenden Kapitel haben wir einen neuen Begriff eingeführt, das Massenträgheitsmoment.

In der Praxis haben wir häufig mehrere Massen, die um einen gemeinsamen Mittelpunkt rotieren. Die Linie, auf der diese Massen gemeinsam rotieren, nennen wir die Rotationsachse.

Grundsätzlich gilt, dass Massenmomente addierbar sind.
Solange die Massenschwerpunkte aller auf der Rotationsachse drehenden Massen auf der Rotationsachse liegen, können wir die Massenmomente der einzelnen Massen zu einem Gesamtmassen-Trägheitsmoment addieren.

m1 m2 Rot-Achse $J_{m\,ges.} = J_{m1} + J_{m2}$	$J_{m\,ges.}$ = Gesamt-Massenmoment $[kgm^2]$ J_{m1} = Massenmoment Masse 1 $[kgm^2]$ J_{m2} = Massenmoment Masse 2 $[kgm^2]$

Platz für Ihre persönlichen Erweiterungen

Praxisnah haben wir allerdings häufig den Fall, dass die Massenschwerpunkte der einzelnen rotierenden Masse sich nicht mit der Rotationsachse decken.

Wir müssen also nach einem Weg suchen, der es uns ermöglicht, auch in diesen Fällen ein Gesamt-Massenträgheitsmoment zu errechnen.

Hier kommt der Satz von Steiner zum Tragen.

Dieser gibt uns in seiner Formulierung die Möglichkeit, beliebig viele Massenmomente, auch wenn der Schwerpunkt der einzelnen Massen nicht auf der Rotationsachse liegt, zu addieren.

<table>
<tr>
<td>
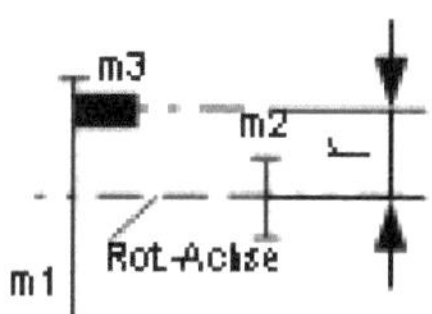

Hier ist deutlich erkennbar, dass der Massenschwerpunkt der Masse 3 nicht auf der Rotationsachse liegt und damit folgt nach dem Satz v. Steiner →
$J_{m\,ges.} = J_{m1} + J_{m2} + J_{m3} + m_3 \cdot r^2$
</td>
<td>
$J_{m\,ges.}$ = Gesamt Massenmoment $[kgm^2]$
J_{m1} = Massenmoment Masse 1 $[kgm^2]$
J_{m2} = Massenmoment Masse 2 $[kgm^2]$
J_{m3} = Massenmoment Masse 3 $[kgm^2]$
m_3 = Masse 3
r = Schwerpunktsabstand der Masse 3 zur Rotationsachse
</td>
</tr>
</table>

4.2.2 Reduziertes Massenmoment

Die zuvor gemachten Aussagen haben alle eine gemeinsame Grundlage.
Alle rotierenden Massen bewegen sich auf **einer** Rotationsachse und damit mit **gleicher** Drehzahl.

In der Praxis haben wir jedoch häufiger den Fall, dass die unterschiedlichen Massen und damit die unterschiedlichen Massenmomente sich mit unterschiedlichen Drehzahlen bewegen. Dies ist z. B. in jeder Form von Getrieben der Fall.

Damit werden wir nach einer weiteren Lösungsmöglichkeit suchen müssen, um auch in diesem Fall die unterschiedlichen Massenmomente mit unterschiedlichen Drehzahlen rotierend, zu einem Gesamt-Massenmoment aufaddieren zu können.

Das führt wiederum zu einem neuerlichen Begriff:dem **reduzierten Massenmoment**.

Um eine Gleichung für das reduzierte Massenmoment herleiten zu können, denken wir an die Tatsache, dass Energie nicht verloren geht, sondern nur in eine andere Energieform umgewandelt wird (Energieerhaltungssatz).

Dieser Gedanke führt uns zu folgendem Ansatz:

$$\frac{J_{m1} \cdot \omega_1^{\,2}}{2} = \frac{J_{m2} \cdot \omega_2^{\,2}}{2} = \frac{J_{m0} \cdot \omega_0^{\,2}}{2} \rightarrow$$

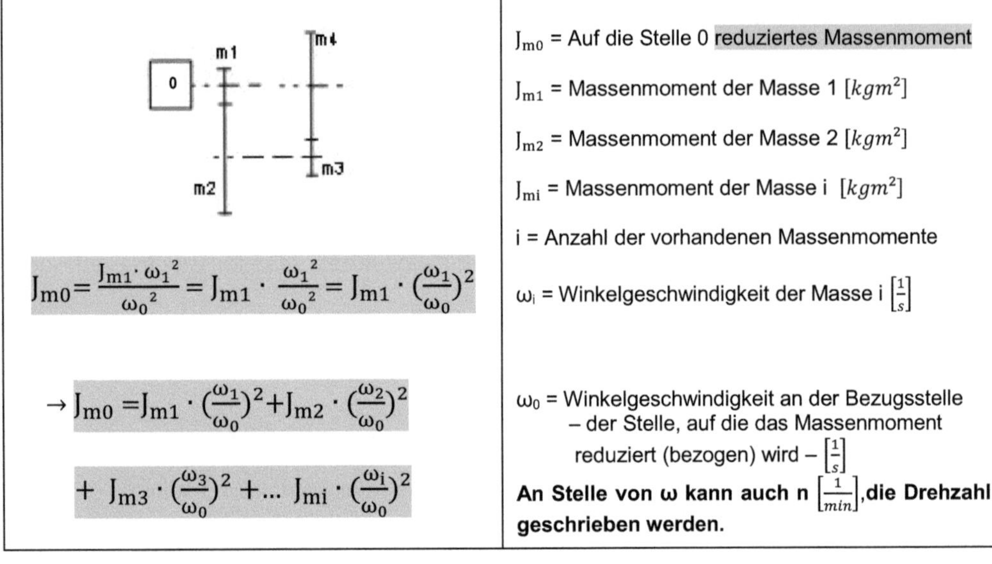

In diesem Zusammenhang haben wir bisher nur über eine reine Rotationsbewegung gesprochen. Aus der Praxis wissen Sie jedoch, dass häufig Rotationsbewegungen in lineare Bewegungen oder umgekehrt umgesetzt werden.

Zur Erläuterung sei dies hier an einem vermutlich jedem bekannten Beispiel deutlich gemacht. Als Beispiel habe ich hier eine Krananlage vorgesehen.
Krananlagen sind ein markantes Beispiel für die Umsetzung von Rotationsbewegungen in eine Linearbewegung, hier eine linear zu hebende oder zu senkende Last.

Das führt wiederum unter Beachtung des Energieerhaltungssatzes zu folgendem Ansatz:

$$\frac{J_{m1} \cdot \omega_1^2}{2} = \frac{J_{m2} \cdot \omega_2^2}{2} = \frac{J_{m3} \cdot \omega_3^2}{2} = \frac{J_{m4} \cdot \omega_4^2}{2} = \frac{J_{m5} \cdot \omega_5^2}{2} = \frac{m \cdot v^2}{2} = \frac{J_{m0} \cdot \omega_0^2}{2} \rightarrow$$

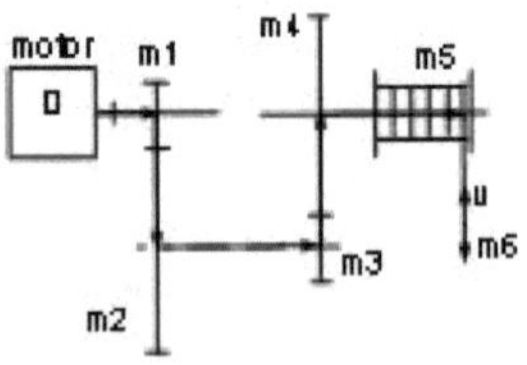

motor, 0, m1, m2, m3, m4, m5, u, m6

$$J_{m0} = J_{m1} \cdot (\frac{\omega_1}{\omega_0})^2 + J_{m2} \cdot (\frac{\omega_2}{\omega_0}) + J_{m3} \cdot (\frac{\omega_3}{\omega_0})^2 + J_{m4} \cdot (\frac{\omega_4}{\omega_0})^2 + J_{m5} \cdot (\frac{\omega_5}{\omega_0})^2 + m_6 \cdot (\frac{u}{\omega_0})^2$$

u = Hubgeschwindigkeit $[\frac{m}{s}]$
m_6 = Hublast $[kg]$

Gleichungen von häufig in der Technik verwendeten Massenmomenten finden Sie auf der folgenden Seite.

Gleichungen von wichtigen Massenmomenten:

Vollzylinder	$J_m = \frac{\pi \cdot D^4 \cdot \rho \cdot l \cdot 10^{-12}}{32}$ [kg m²]	J_m = Massenmoment $[kg\ m^2]$ D = Außendurchmesser $[mm]$ ρ = Dichte $\left[\frac{kg}{dm^3}\right]$
Hohlzylinder	$J_m = \frac{\pi \cdot d_m \cdot b \cdot \rho \cdot l \cdot (D^2+d^2) \cdot 10^{-12}}{8}$ [kg m²]	d = Innendurchmesser $[mm]$ l = Länge $[mm]$ d_m = Mittlerer Durchmesser$[mm]$
Vollzylinder	$J_m = \frac{\pi \cdot D^2 \cdot \rho \cdot l \cdot 10^{-12}}{4} \cdot \left(\frac{D^2}{16} + \frac{l^2}{12}\right)$[kg m²]	d_m = (D + d) / 2 b = (D - d) / 2
Vollzylinder l	$J_m = \frac{\pi \cdot D^2 \cdot \rho \cdot l^3 \cdot 10^{-12}}{4}$ [kg m²]	Wenn D < < l
Kugel	$J_m = \frac{\pi \cdot D^5 \cdot \rho \cdot 10^{-12}}{60}$ [kg m²]	= Rotationsachse

4.3 Kraftmoment und Drehmoment

Unter einem Kraftmoment verstehen wir eine Kraft, die rechtwinklig an einem Hebelarm angreift.

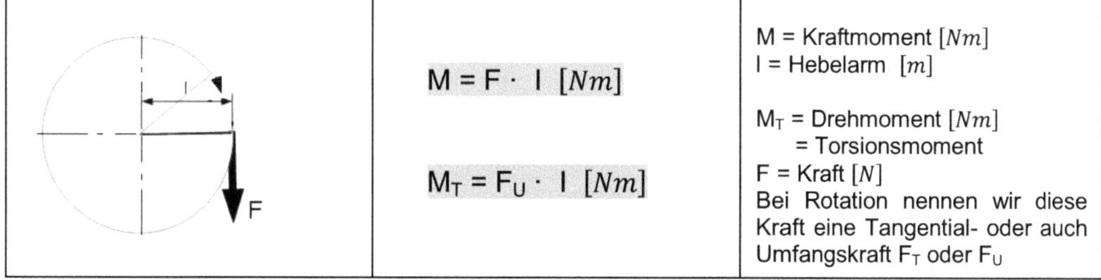

l F	$M = F \cdot l\ [Nm]$ $M_T = F_U \cdot l\ [Nm]$	M = Kraftmoment $[Nm]$ l = Hebelarm $[m]$ M_T = Drehmoment $[Nm]$ = Torsionsmoment F = Kraft $[N]$ Bei Rotation nennen wir diese Kraft eine Tangential- oder auch Umfangskraft F_T oder F_U

Wenn wir eine Rotation zulassen, weil z. B. die Masse auf einer Welle gelagert ist, nennen wir das Kraftmoment ein Drehmoment, da das Kraftmoment eine Drehung verursacht.

Platz für Ihre persönlichen Erweiterungen

Wenn z. B. diese Kraft eine Biegung zur Folge hat, nennen wir das Kraftmoment „Biegemoment“.

Das Biegemoment selbst wird im Kapitel „Technische Mechanik“ behandelt.

4.4 Zentrifugalkraft – Zentripetalkraft

Bei der Drehbewegung tritt eine weitere Kraft auf. Wir nennen diese Kraft die Zentrifugalkraft (Aktionskraft).

Sie wissen, dass nach dem dritten Newton'schen Axiom die Aktionskraft gleich der Reaktionskraft ist. Diese auftretende Reaktionskraft nennen wir die Zentripetalkraft.

Sie kennen die Zentrifugalkraft aus alltäglichem Erleben. Wenn sie mit ihrem Kraftfahrzeug unterwegs sind und sie zwingen ihr Fahrzeug nicht in die Kurve, dann fährt ihr Fahrzeug geradeaus. Das Fahrzeug wird dann die Kreisbahn tangential verlassen.

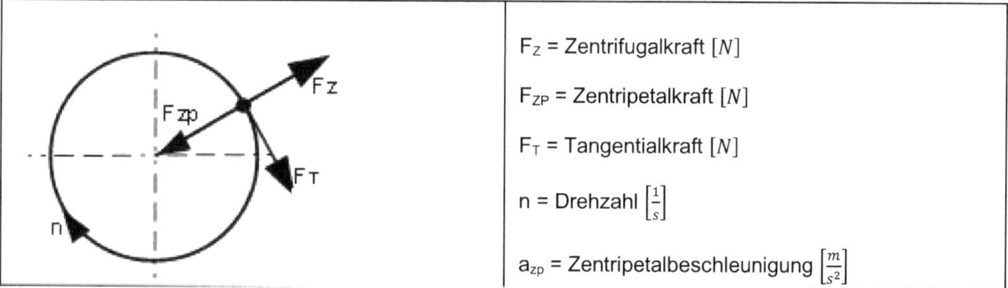

D. h., dass die Umfangsgeschwindigkeit eine sogenannte Tangentialgeschwindigkeit ist und die Ursache der Geschwindigkeit war eine vorangegangene Beschleunigung. Damit steht fest, dass es auch eine Tangentialbeschleunigung geben muss.

Des Weiteren ist damit zwingend klar, dass die Umfangsgeschwindigkeit gleich der Tangentialgeschwindigkeit sein muss. D. h. weiterhin, dass die Beschleunigung auf der Kreisbahn auch identisch mit der Tangentialbeschleunigung ist.

Daraus folgt, dass auch bei einer gleichförmigen Bewegung der Masse auf der Kreisbahn eine Beschleunigung vorhanden sein muss, die ein tangentiales Verlassen der Kreisbahn der Masse verhindert. Diese Beschleunigung nennen wir die Zentripetalbeschleunigung (a_{zp}). Diese ist zum Mittelpunkt der Kreisbahn gerichtet.

Da auch hier naturgemäß gilt $F = m \cdot a$, folgt daraus: $F_{zp} = m \cdot a_{zp}$. Damit haben wir die Kraft gefunden, die die Masse auf der Kreisbahn hält.

$$F_{zp} = m \cdot a_{zp} = \text{Zentripetalkraft}$$

Die Zentripetalkraft ist zur Mitte der Kreisbahn gerichtet und damit ist der Weg, auf dem die Arbeit verrichtet wird, gleich dem Radius r.
Und da Energie gleich Arbeitsvermögen →

$\frac{m \cdot v^2}{2} = \frac{J_m \cdot \omega^2}{2} \rightarrow m \cdot v^2 = m \cdot r^2 \cdot \omega^2 = F_{zp} \cdot r \rightarrow F_{zp} = m \cdot r^2 \cdot \omega^2 / r = m \cdot r \cdot \omega^2 \rightarrow$

$F_{zp} = m \cdot r \cdot \omega^2 = \frac{m \cdot v^2}{r}$ $F_z = m \cdot r \cdot \omega^2 = \frac{m \cdot v^2}{r}$	F_{zp} = Zentripetalkraft $[N]$ F_z = Zentrifugalkraft $[N]$ m = Masse $[kg]$ r = Radius der Kreisbahn $[m]$ v = Umfangsgeschwindigkeit $[m/s]$ ω = Winkelgeschwindigkeit $\left[\frac{1}{s}\right]$

4.5 Leistung der Drehbewegung

Wir gehen hier von der Leistungs-Gleichung der linearen Bewegung aus und formulieren diese etwas anders.

$P = F \cdot v \rightarrow P \cdot r = F \cdot r \cdot v$ und da $v = d \cdot \pi \cdot n = 2r \cdot \pi \cdot n \rightarrow$ da $F \cdot r = M_T \rightarrow P = M_T \cdot 2 \cdot r \cdot \pi \cdot n / r$

$\rightarrow P = M_T \cdot 2 \cdot \pi \cdot n$ und $\omega = 2 \cdot \pi \cdot n \rightarrow$

$P_{Rot} = M_T \cdot \omega$ oder $P_{Rot} = M_T \cdot 2 \cdot \pi \cdot n$	P_{Rot} = Rotationsleistung $\left[\frac{Nm}{s}\right]$ M_T = Drehmoment $[Nm]$ ω = Winkelgeschwindigkeit $\left[\frac{1}{s}\right]$ n = Drehzahl $\left[\frac{1}{s}\right]$

4.6 Impuls der Drehbewegung – Drehimpuls

Unter 3.1.11 wurde die Gleichung für den linearen Impuls entwickelt. Hier die Darstellung für den Drehimpuls. Wie Sie wissen, sagt das Newton'sche Beschleunigungsgesetz (s. 2.3) $F = m \cdot a$.

Bei der Rotation ersetzen wir die Kraft F durch ein Moment (M), die Masse durch das Massenträgheitsmoment (J_m) und die Beschleunigung durch die Winkelbeschleunigung (α).

Damit ergibt folgende Gleichung: $M = J_m \cdot \alpha$. Da F = Beschleunigungskraft, nennen wir M das Beschleunigungsmoment und geben ihm den Namen M_a.

Da die Winkelbeschleunigung $\alpha = \frac{\Delta\omega}{\Delta t} \rightarrow$ aus $M_a = J_m \cdot \alpha = J_m \cdot \frac{\Delta\omega}{\Delta t} \rightarrow$

$M_a \cdot \Delta t = J_m \cdot \Delta\omega$	$J_m \cdot \Delta\omega$ = Drehimpuls $\left[\frac{kg\,m^2}{s}\right]$ $M_a \cdot \Delta t$ = Momentenstoß $\left[\frac{kg\,m^2}{s}\right]$ M_a = Beschleunigungsmoment $[Nm]$ J_m = Massenträgheitsmoment $[kg\ m^2]$ Δt = Zeitdifferenz $[s]$ $\Delta\omega$ = Winkelgeschwindigkeitsdifferenz $\left[\frac{1}{s}\right]$

4.7 Übersetzung und Wirkungsgrad

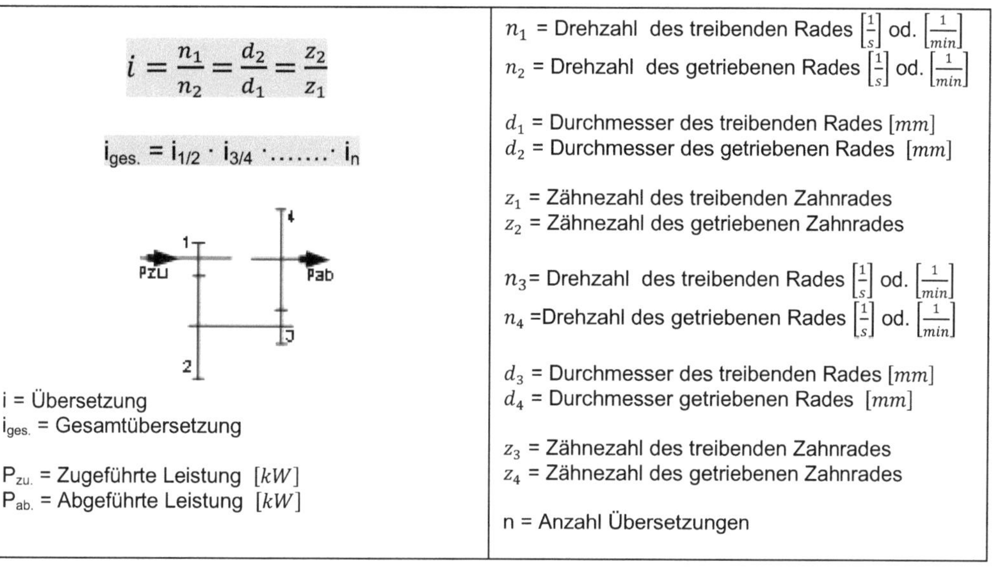

$i = \frac{n_1}{n_2} = \frac{d_2}{d_1} = \frac{z_2}{z_1}$ $i_{ges.} = i_{1/2} \cdot i_{3/4} \cdot \ldots\ldots \cdot i_n$ Pzu Pab 1 2 3 4 i = Übersetzung $i_{ges.}$ = Gesamtübersetzung $P_{zu.}$ = Zugeführte Leistung $[kW]$ $P_{ab.}$ = Abgeführte Leistung $[kW]$	n_1 = Drehzahl des treibenden Rades $\left[\frac{1}{s}\right]$ od. $\left[\frac{1}{min}\right]$ n_2 = Drehzahl des getriebenen Rades $\left[\frac{1}{s}\right]$ od. $\left[\frac{1}{min}\right]$ d_1 = Durchmesser des treibenden Rades $[mm]$ d_2 = Durchmesser des getriebenen Rades $[mm]$ z_1 = Zähnezahl des treibenden Zahnrades z_2 = Zähnezahl des getriebenen Zahnrades n_3= Drehzahl des treibenden Rades $\left[\frac{1}{s}\right]$ od. $\left[\frac{1}{min}\right]$ n_4 =Drehzahl des getriebenen Rades $\left[\frac{1}{s}\right]$ od. $\left[\frac{1}{min}\right]$ d_3 = Durchmesser des treibenden Rades $[mm]$ d_4 = Durchmesser getriebenen Rades $[mm]$ z_3 = Zähnezahl des treibenden Zahnrades z_4 = Zähnezahl des getriebenen Zahnrades n = Anzahl Übersetzungen

Damit haben wir die Definition der Übersetzung geschaffen. Sie alle kennen Getriebe, z. B. Zahnradgetriebe, Keilriemengetriebe oder auch Kettengetriebe.

Die vorgenannte Definition der Übersetzung hat Gültigkeit für alle Getriebearten. In all diesen Getrieben wird die Drehzahl verändert und damit auch das Drehmoment.

Überall da, wo wir eine Bewegung haben, wird diese Bewegung behindert durch die Reibung. Den Mehraufwand an Energie, den wir zur Überwindung der Reibung einsetzen müssen, nennen wir den Reibungsverlust (s. hierzu Kapitel Reibung).
Um den Zusammenhang zwischen der Übersetzung, den Verlusten und der Änderung des Drehmomentes darstellbar zu machen, müssen wir zwingend den Wirkungsgrad definieren.

Platz für Ihre persönlichen Erweiterungen

$\eta = \frac{P_{ab}}{P_{zu}}$ $\eta_{ges.} = \eta_{1/2} \cdot \eta_{3/4} \ldots \cdot \eta_n$ Beispiele für Wirkungsgrade: Zahnradgetriebe: η = 0,9 – 0,98 Reibradgetriebe: η = 0,25 - 0,75 Keilriemengetriebe: η = 0,92 Gleitlager: η = 0,8 – 0,99 Dieselmotor: ca. η = 0,36	$P_{zu.}$ = Zugeführte Leistung $[kW]$ $P_{ab.}$ = Abgeführte Leistung $[kW]$ 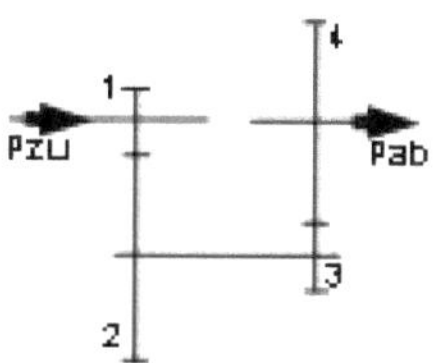 η = Wirkungsgrad $\eta_{ges.}$ = Gesamtwirkungsgrad n = Anzahl der Verluste (Wirkungsgrade)

Aus dem Kap. 4.5 kennen Sie die Leistung der Rotation mit $P_{Rot} = M_T \cdot 2 \cdot \pi \cdot n$. Damit können wir schreiben:

$$\eta = \frac{P_{ab}}{P_{zu}} \rightarrow \eta_{1/2} = \frac{P_2}{P_1} = \frac{M_{T2} \cdot 2 \cdot \pi \cdot n_2}{M_{T1} \cdot 2 \cdot \pi \cdot n_1} = \frac{M_{T2} \cdot n_2}{M_{T1} \cdot n_1} \quad \text{und da } i_{1/2} = \frac{n_1}{n_2} \rightarrow \eta_{1/2} = \frac{M_{T2}}{M_{T1} \cdot i_{1/2}} \rightarrow$$

$M_{T2} = M_{T1} \cdot i_{1/2} \cdot \eta_{1/2}$ oder auch $M_{T4} = M_{T1} \cdot i_{1/2} \cdot i_{3/4} \cdot \eta_{1/2} \cdot \eta_{3/4}$	M_{T1} = Drehmoment am Rad 1 $[Nm]$ M_{T2} = Drehmoment am Rad 2 $[Nm]$ $M_{T3} = M_{T2}$ M_{T4} = Drehmoment am Rad 4 $[Nm]$ $i_{1/2}$ = Übersetzung zwischen Rad 1 und Rad 2 $\eta_{1/2}$ = Wirkungsgrad zwischen Rad 1 und Rad 2 $i_{3/4}$ = Übersetzung zwischen Rad 3 und Rad 4 $\eta_{3/4}$ = Wirkungsgrad zwischen Rad 3 und Rad 4

Platz für Ihre persönlichen Erweiterungen

12. Reibung

12.1. Gleitreibungs- und Haftreibungszahl

Jeder kennt es: Sie verschieben einen Gegenstand, z. B. eine Kiste auf einer Unterlage und müssen dafür Kraft aufwenden.

Je nach Art und Material der Kiste und der Beschaffenheit des Materials der Unterlage müssen Sie mehr oder weniger Kraft einsetzen, um die Kiste zu bewegen. D. h. also, Sie müssen einen Widerstand überwinden. Woher kommt dieser Widerstand und wie definieren wir ihn, um ihn berechenbar zu machen?

Dieser Widerstand (Widerstandskraft) wird dadurch erzeugt, dass die aneinander reibenden Flächen über eine Rauigkeit verfügen. Diese Rauigkeiten dringen ineinander und erzeugen damit Reibung.

Wir stellen aber auch ein Zweites fest:
Nachdem wir den Körper mit einem Kraftaufwand in Bewegung versetzt haben, nimmt die Kraft ab, die wir jetzt einsetzen müssen, um den Körper mit einer konstanten Geschwindigkeit weiter zu bewegen.

Wir schließen daraus, dass es zwei unterschiedliche Widerstände geben muss. Einen Widerstand, den der Körper in Ruhe aufweist und einen weiteren Widerstand, den er der Bewegung entgegensetzt.
Auf Grund der oben genannten Reibung sprechen wir von einem Haftreibungswiderstand in Ruhe und einem Gleitreibungswiderstand in der Bewegung.

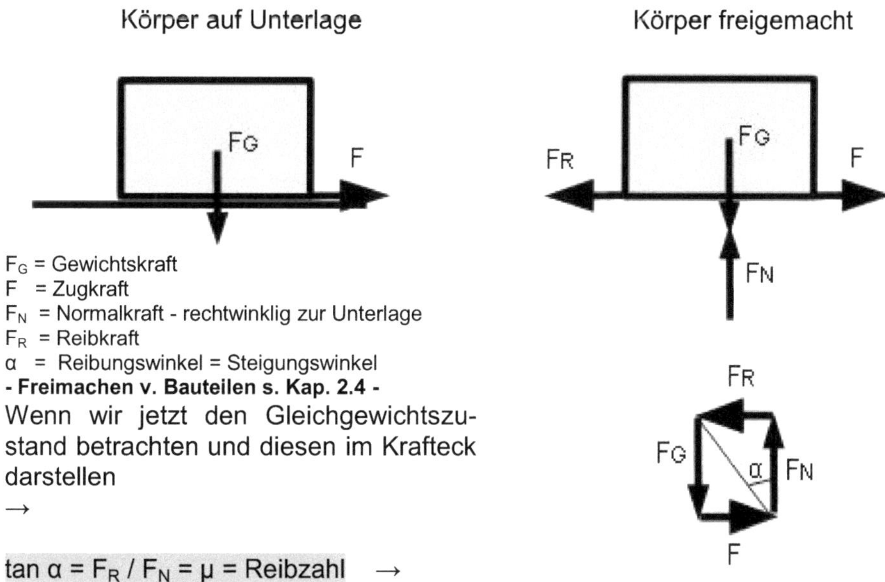

F_G = Gewichtskraft
F = Zugkraft
F_N = Normalkraft - rechtwinklig zur Unterlage
F_R = Reibkraft
α = Reibungswinkel = Steigungswinkel
- Freimachen v. Bauteilen s. Kap. 2.4 -

Wenn wir jetzt den Gleichgewichtszustand betrachten und diesen im Krafteck darstellen
→

$\tan \alpha = F_R / F_N = \mu$ = Reibzahl →

$F_R = F_N \cdot \mu$ = Reibungsgesetz

Um die Reibzahlen zu ermitteln, gehen wir folgendermaßen vor. Wir orientieren einen Körper auf einer Unterlage. Diese Unterlage bewegen wir aus der horizontalen Lage in eine Schräglage, die schiefe Ebene.

Platz für Ihre persönlichen Erweiterungen

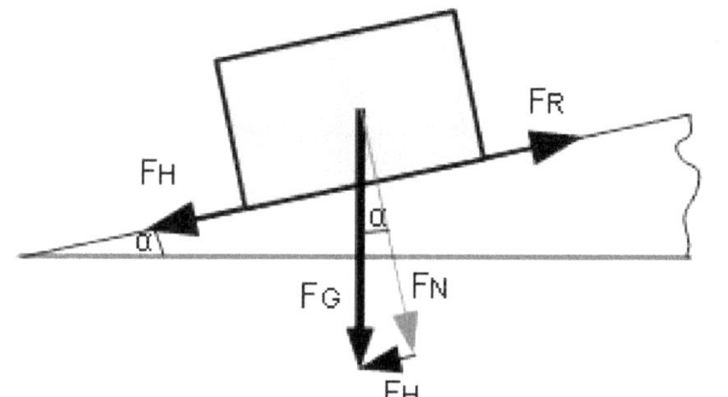

F_G = Gewichtskraft

$F_H = F_G \cdot \sin\alpha$ = Hangabtriebskraft
$F_N = F_G \cdot \cos\alpha$ = Normalkraft

$F_R = F_N \cdot \mu$ = Reibkraft (Reibungsgesetz)
$= F_G \cdot \cos\alpha \cdot \mu$

Mit größer werdendem Steigungswinkel α der schiefen Ebene wächst der Betrag der Hangabtriebskraft.
Dieser wirkt die Reibkraft entgegen. Weiterhin wird der Körper mit der Normalkraft auf die Unterlage gepresst.

Bei einem bestimmten Steigungswinkel der schiefen Ebene setzt sich der Körper in Bewegung. Er bewegt sich aus der vorher vorhandenen Haftung und geht in die Bewegung über.

Diesen Steigungswinkel nennen wir den **Haftreibungswinkel**. Der Tangenswert dieses Winkels ist damit gleich der Haftreibungszahl.

→ $\tan\alpha_o = \mu_o$ = Haftreibungszahl

Wenn wir den Steigungswinkel der schiefen Ebene während der Bewegung des Körpers reduzieren, wird die Bewegung des Körpers bei einem bestimmten Steigungswinkel stoppen.
Die Bewegung geht in den Haftzustand zurück und wir haben damit den **Gleitreibungswinkel** ermittelt. Der Tangenswert dieses Gleitreibungswinkels entspricht damit der Gleitreibungszahl.

→ $\tan\alpha = \mu$ = Gleitreibungszahl

Damit ist erwiesen, dass die Haftreibungszahl größer als die Gleitreibungszahl ist.

Beweis an der schiefen Ebene:

Da im Gleichgewichtszustand $F_R = F_H$

und da $F_R = F_N \cdot \mu$ → $F_G \cdot \sin\alpha = F_G \cdot \cos\alpha \cdot \mu$ → $\mu = \frac{F_G \cdot \sin\alpha}{F_G \cdot \cos\alpha} = \tan\alpha$

Wenn also die Reibkraft größer als die Hangabtriebskraft ist, wird der Körper sich nicht in Bewegung setzen. Unabhängig von seiner Masse! D. h., wir können die Masse und damit das Gewicht beliebig steigern, ohne dass eine Bewegung stattfindet!

Das heißt: Wenn der Reibungswinkel größer ist als ein beliebiger Steigungswinkel, setzt sich der Körper nicht in Bewegung. Diesen Zustand, wenn

Reibungswinkel > Steigungswinkel, nennen wir die Selbsthemmung.

Platz für Ihre persönlichen Erweiterungen

12.2. Seilreibung

12.2.1 Grundgleichung der Seilreibung

Jeder Wassersportler kennt es in der Anwendung und auch jeder Handwerker hat sich damit schon einiges erleichtert.
Frage: Wie halte oder bewege ich eine große Last unter Einsatz von möglichst wenig Kraft?

Wir stellen uns einen feststehenden oder auch rotierenden (meist runden) Körper vor (z. B. einen Poller, ein Ankerspill, eine Seiltrommel, o. ä.).
Allen gemeinsam ist, dass wir zur Nutzung dieser Bauteile ein Seil (einen Riemen) darum legen.
Dies können wir einfach oder mehrmals tun. Gerade die Anzahl der Umschlingungen, die wir mit einem Umschlingungswinkel definieren, hat großen Einfluss auf die zu übertragenden Lasten.

Wir haben das Reibungsgesetz an einem Körper hergeleitet, der mit einer horizontalen Fläche auf einer horizontalen Unterlage liegt. In diesem Fall haben wir aber keine horizontale, sondern eine gerundete Unterlage. Der Körper auf dieser runden Unterlage ist das Seil.
Demzufolge müssen wir einen Weg finden, um das Reibungsgesetz zur Anwendung bringen zu können. Dazu folgender Gedankengang:

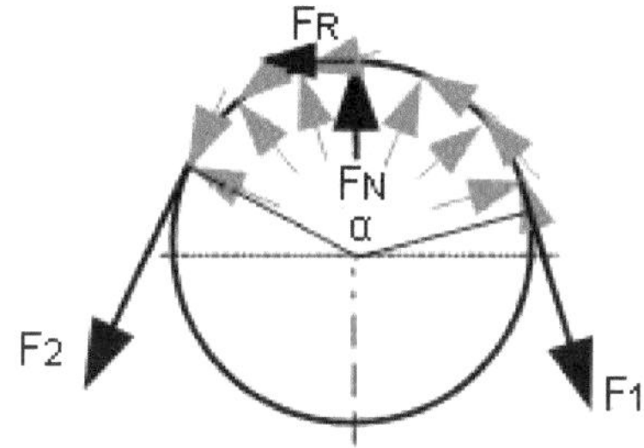

F_2 = Aufzubringende Haltekraft
F_1 = Wirkende Last (Kraft)
$F_R = \sum_0^\infty F_{Ri}$
d = Durchmesser Körper

Auf die Rundung setzen wir gedanklich viele kleine Körper. Jeder dieser Körper hat eine Gewichtskraft F_G und damit eine Normalkraft F_N. Damit wiederum eine Reibkraft F_R.
Wenn wir nun die Körper unendlich klein machen, hat jeder dieser Körper wieder eine (unendlich) kleine horizontale Unterlage.
In der Folge ergibt sich somit die Reibkraft insgesamt als Summe aller unendlich kleinen F_R.

Diese Summe ist nur mit Hilfe der Integralrechnung zu bilden und führt zu folgendem Ergebnis:

$$F_1 = F_2 \cdot e^{\mu \cdot \alpha}$$

Eytelwein'sche Gleichung für Seilreibung

d = Durchmesser Körper
e = Euler-Zahl = 2,718
μ = Gleitreibungszahl
α = Umschlingungswinkel in $[rad]$
$\alpha_{rad} = 2\pi \cdot \alpha^\circ / 360°$ $[rad]$

12.2.2 Reibkraft – Reibmoment der Seilreibung

Damit wird die Reibkraft = $F_R = F_1 - F_2 = F_2 \cdot e^{\mu \cdot \alpha} - F_2$

→ $F_R = F_2 \cdot (e^{\mu \cdot \alpha} - 1)$ = Reibkraft

→ $M_R = F_2 \cdot (e^{\mu \cdot \alpha} - 1) \cdot d/2$ = Reibmoment

Platz für Ihre persönlichen Erweiterungen

12.3.1 Reibung am Schraubengewinde – Befestigungsschraube – Gewindereibmoment

Zwischen den Gewindeflanken einer Schraube und den Gegenflanken (z. B. der Mutter) haben wir Reibung. Um dieses Thema behandeln zu können, legen wir die Durchmesser am Schraubengewinde fest.

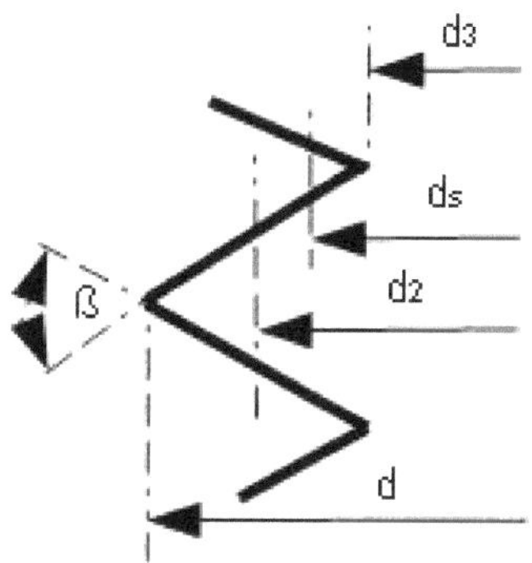

d_3 = Kerndurchmesser

d_S = Spannungsquerschnittsdurchmesser

d_2 = Flankendurchmesser

d = Nenndurchmesser

β = Flankenwinkel

Die in der Folge gemachten Betrachtungen beziehen wir auf den Flankendurchmesser d_2. Wir wickeln einen Schraubengang (eine Steigung) auf dem Flankendurchmesser in die Ebene ab und erhalten damit eine schiefe Ebene.
Nun tragen wir alle Kräfte an der Gewindeflanke an der schiefen Ebene an und erhalten folgendes Bild:

Gewindeflanke mit Kräften

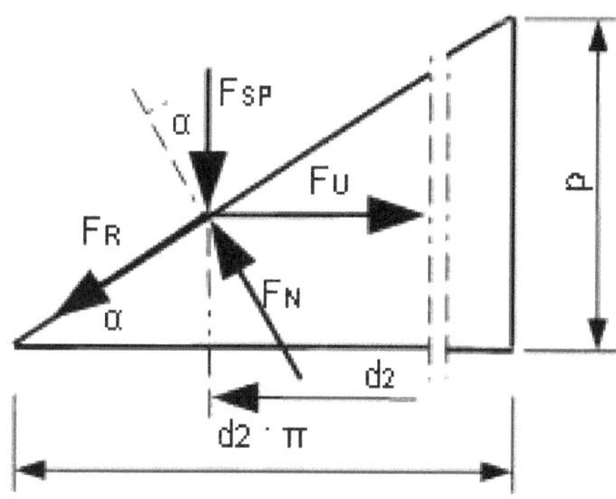

Krafteck
ohne Maßstab gez.

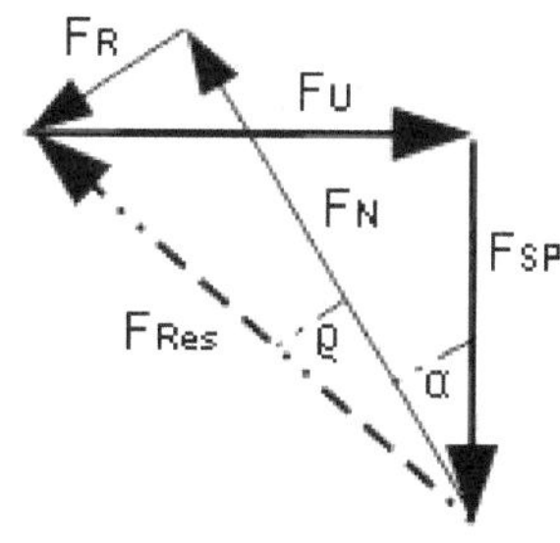

$\rightarrow \tan(\alpha + \varrho) = F_U / F_{SP}$

Beim Anziehen der Schraube werden wir die Reibung überwinden müssen, d. h., wir benötigen das Anzugsmoment M_A. Ein Teil des Anzugsmomentes ist das Gewindereibmoment M_G: →

$\rightarrow F_U = F_{SP} \cdot \tan(\varrho +/- \alpha)$
+ = Anziehen und - = Lösen

$\rightarrow M_G = d_2/2 \cdot F_{SP} \cdot \tan(\varrho + \alpha)$
Anziehen der Befestigungsschraube

$\rightarrow M_G = d_2/2 \cdot F_{SP} \cdot \tan(\varrho - \alpha)$
Lösen der Befestigungsschraube

α = Steigungswinkel $\tan \alpha = p / (d_2 \cdot \pi)$
ϱ = Reibungswinkel $\tan \varrho = \mu / \cos \beta/2$

F_U = Umfangskraft aus Anzugsmoment M_A
F_{SP} = Spannkraft in der Schraube
F_N = Normalkraft
F_R = Reibkraft
F_{Res} = Effektiv resultierende Kraft

M_A = Anzugsmoment der Schraube
M_G = Gewindereibmoment
d_2 = Flankendurchmesser
p = Steigung der Befestigungsschraube
β = Flankenwinkel der Schraube

Platz für Ihre persönlichen Erweiterungen

12.3.2 Reibung an der Befestigungsschraube – Kopfreibmoment

Im letzten Kapitel haben wir die Reibung zwischen den Gewindeflanken behandelt und ein Gewindereibmoment definiert.

Wenn wir eine Befestigungsschraube anziehen, haben wir allerdings zwei Stellen, an denen die Reibung als Widerstand vorhanden ist:

Wir haben Reibung im Gewinde (das Gewindereibmoment M_G) und unter dem Schraubenkopf oder der Mutter (das Kopfreibmoment M_K) zu überwinden.

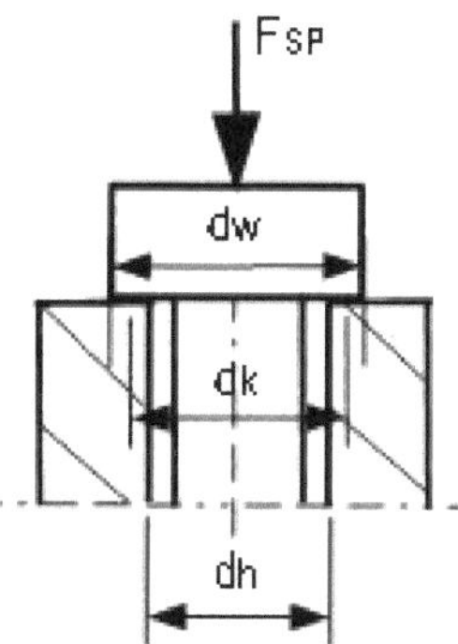

F_{SP} = Spannkraft der Befestigungsschraube

d_W = Durchmesser Schraubenkopf od. Mutter

d_K = Kopfdurchmesser = $(d_W + d_h)/2$
d_h = Bohrungsdurchmesser

M_K = Kopfreibmoment
μ_K = Reibungszahl zwischen Kopf und Bauteil

$$M_K = F_{SP} \cdot d_K/2 \cdot \mu_K$$

mit $d_K = (d_W + d_h) / 2$

12.3.3 Anzugsmoment Befestigungsschraube

Nachdem wir beide zu überwindenden Reibmomente berechenbar gemacht haben, sind wir in der Lage das Anzugsmoment der Befestigungsschraube zu ermitteln.

Aus dem bisher festgestellten ergibt sich also die Summe der beiden Reibmomente zum **Anzugsmoment**.

$$\rightarrow \; M_A = M_G + M_K = d_2/2 \cdot F_{SP} \cdot \tan(\alpha + \varrho) + F_{SP} \cdot d_K/2 \cdot \mu_K$$

$$\rightarrow \; M_A = F_{SP} \cdot [\, d_2/2 \cdot \tan(\alpha + \varrho) + d_K/2 \cdot \mu_K \,]$$

wobei $\arctan \varrho = \mu / \cos \beta/2$ - bei metrischem Gewinde und $\mu = 0{,}14 \rightarrow \varrho$ = ca. 9° -

und $\eta = \tan\alpha / \tan(\alpha + \varrho)$ - Wirkungsgrad Schraube (Schraubgetriebe)

12.3.4 Reibung am Schraubengewinde – Bewegungsschraube - Bewegungsmoment

Mit Bewegungsschrauben verschieben oder heben wir Lasten. Auch hier werden wir zwischen den Flanken der Gewinde Reibung überwinden müssen.

Mit der Befestigungsschraube erzeugen wir eine notwendige Spannkraft, um die Bauteile sicher miteinander zu verbinden.

Bei der Bewegungsschraube ersetzen wir die Spannkraft F_{SP} durch die zu bewegende Last F und das Gewindereibmoment M_G durch das Bewegungsmoment M_{Bew}.

Platz für Ihre persönlichen Erweiterungen

Gewindeflanke mit Kräften

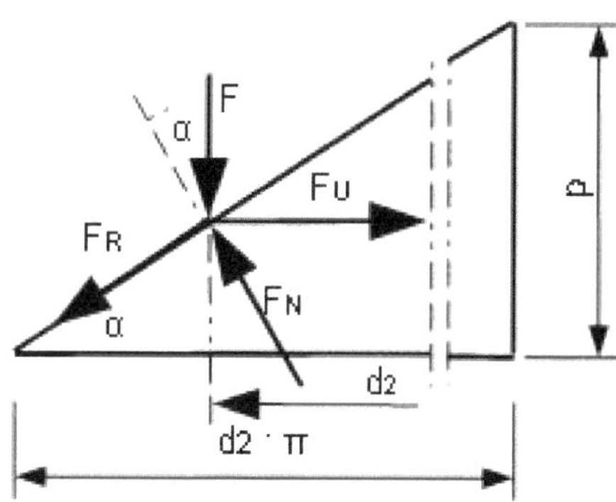

Krafteck
ohne Maßstab gez.

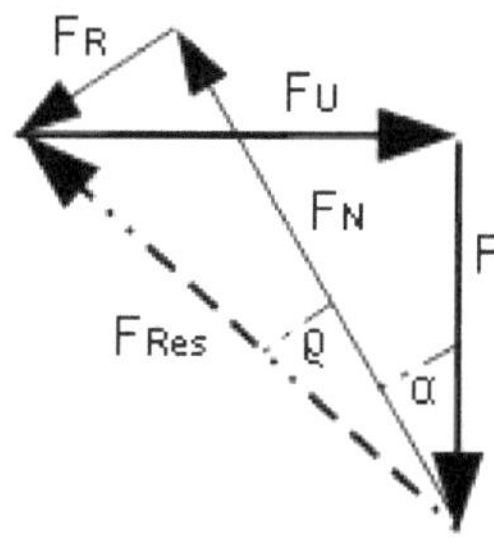

→ $\tan(\alpha + \varrho) = F_U / F$

Beim Heben der Last werden wir die Reibung überwinden müssen, d. h., wir benötigen das Bewegungsmoment M_{Bew}. Das Bewegungsmoment ist = dem Gewindereibmoment M_G →

→ $F_U = F \cdot \tan(\varrho -/+ \alpha)$
+ = Heben und - = Senken der Last

→ $M_{Bew} = d_2/2 \cdot F \cdot \tan(\varrho + \alpha)$
Heben der Last

→ $M_{Bew} = d_2/2 \cdot F \cdot \tan(\varrho - \alpha)$
Senken der Last

α = Steigungswinkel
ϱ = Reibungswinkel

F_U = Umfangskraft aus dem Beweg.- Moment M_{Bew}
F = Zu hebende oder zu senkende Last
F_N = Normalkraft
F_R = Reibkraft
F_{Res} = Effektiv resultierende Kraft - auch Ersatzkraft

M_{Bew} = Bewegungsmoment
d_2 = Flankendurchmesser
p = Steigung der Bewegungsschraube
β = Flankenwinkel der Schraube

12.4. Rollreibung – Rollreibungszahl

Wenn wir ein Rad oder auch jeden beliebigen Rollkörper in Bewegung versetzen, würde dieser Körper nicht rollen, sondern gleiten, wenn da nicht die Reibung wäre.

Da dieser Körper tatsächlich nicht rund bleibt, sondern sich an der Berührungsfläche elastisch verformt, können wir eigentlich nicht von tatsächlicher Reibung reden.

Bei durchgängiger Rollbewegung müssen wir uns diesen Vorgang eher als ein Kippen um den Punkt A vorstellen. Damit können wir hier von einem Gleichgewicht der Kräfte ausgehen und formulieren darüber die Rollreibungszahl.

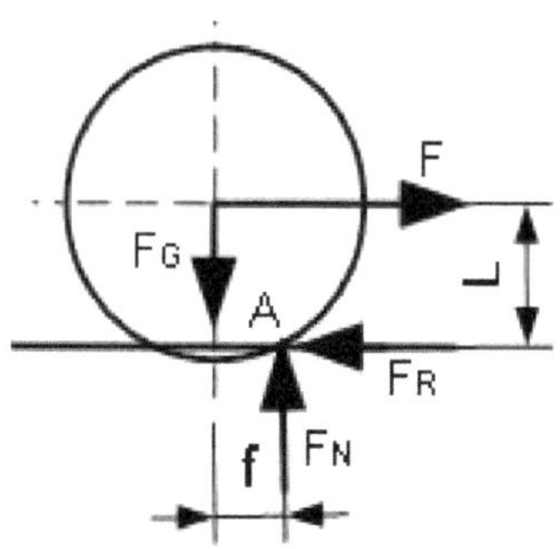

Der Hebelarm f ist realistisch sehr klein. Deshalb können wir den Hebelarm L praktisch gleichsetzen mit dem Radius r des Rollkörpers.

→ $F \cdot L - F_G \cdot f = 0$ mit $L = r$
→ $F = F_G \cdot f / r$ mit $f / r = \mu_R$

→ $F = F_G \cdot \mu_R = F_R$

F = Rollkraft
F_G = Last an der Radachse
r = Radius des Rollkörpers
μ_R = Rollreibungszahl
F_R = Reibkraft
F_N = Normalkraft

Anhaltswerte für μ_R:

Spurkranzrad Eisenbahn	= 0,0025
Drahtseilbahn	= 0,01
PKW auf Asphaltstraße	= 0,015
LKW auf Asphaltstraße	= 0,011
Rillenkugellager	= 0,001

Platz für Ihre persönlichen Erweiterungen

12.4.1 Fahrwiderstand

Unter dem Fahrwiderstand verstehen wir alle Widerstände, die einem Körper in der Bewegung entgegenwirken.

Darunter fallen die Rollreibung, Reibung in den Lagern sowie der Luftwiderstand, den wir nur bei höheren Geschwindigkeiten berücksichtigen. Allgemein fassen wir Lager- und Rollreibung zum Fahrwiderstand zusammen.

Bei einer Bewegung eine Schräge (schiefe Ebene) hinauf kommt selbstverständlich noch die Überwindung der Hangabtriebskraft hinzu.

Bei horizontaler Bewegung ist $F_N = F_G$. Das ändert sich naturgemäß bei Bewegung auf einer schiefen Ebene. Hier wird $F_N = F_G \cdot \cos \alpha$. Weiterhin können wir $F = F_R$ setzen. Damit können wir den Fahrwiderstand folgendermaßen formulieren:

$$F_W = F_N \cdot \mu_R + F_{LG} + F_H$$

$$\rightarrow F_W = F_G \cdot \cos \alpha \cdot \mu_R + F_{LG} + F_G \cdot \sin \alpha$$

Zur Berechnung einer Antriebsmaschine benötigen wir allerdings die entsprechenden (Reib)Momente.

$$\rightarrow M_W = F_G \cdot \cos \alpha \cdot \mu_R \cdot d/2 + M_{R\,LG} + M_H$$

F_W = Fahrwiderstand
F_G = Last an der Radachse
μ_R = Rollreibungszahl
α = Steigungswinkel der Ebene
F_{LG} = Reibkraft des Lagers
F_N = Normalkraft
M_H = Hangabtriebsmoment
M_W = Fahrwiderstandsmoment
$M_{R\,LG}$ = Lagerreibmoment – je nach Lagerart zu berechnen – fast ausschließlich nach Lagerherstellervorgaben
d = Durchmesser des Rollkörpers

$$\rightarrow M_W = F_G \cdot \cos \alpha \cdot \mu_R \cdot d/2 + M_{R\,LG} + F_G \cdot \sin \alpha \cdot d/2$$

12.4.2 Lagerreibung – Gleitlager

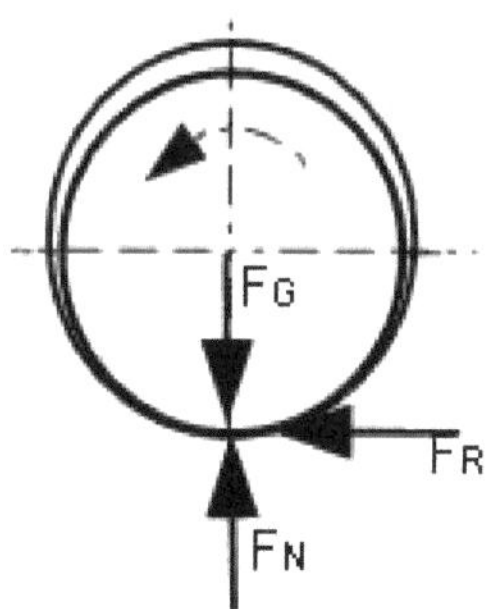

F_G = Last an der Lagerstelle
F_R = Reibkraft
F_{R0} = Haftreibkraft
F_N = Normalkraft
$M_{R\,LG}$ = Lagerreibmoment
μ_0 = Haftreibungszahl
μ = Gleitreibungszahl
$M_{R\,0}$ = Haftreibmoment = Losbrechmoment
M_R = Gleitreibmoment
d = Durchmesser Welle an der Lagerstelle

Die Welle drückt mit der Last F_G auf das Material des Lagers. Im Stillstand haben wir den Zustand der Haftreibung. Wenn die Welle zu drehen beginnt, muss also der Haftreibungswiderstand (Haftreibkraft) überwunden werden.
Die Bauteile befinden sich im Bereich der Festkörperreibung.

$\rightarrow F_{R0} = F_G \cdot \mu_0 = F_N \cdot \mu_0$ und das Losbrechmoment $\rightarrow M_{R0} = F_G \cdot \mu_0 \cdot d/2$

Bei steigender Drehzahl der Welle bildet sich aufgrund der hydrodynamischen Verhältnisse ein Schmierfilm aus. Die Reibungsverhältnisse gehen in den Bereich der Mischreibung über und die Reibungszahl sinkt.

Platz für Ihre persönlichen Erweiterungen

Bei weiter steigender Drehzahl bildet sich der Schmierfilm stärker aus, bis wir einen tragenden Schmierfilm erreichen und damit im Bereich der Flüssigkeitsreibung sind.

→ $F_R = F_G \cdot \mu = F_N \cdot \mu$ und das Lagerreibmoment → $M_{R\,LG} = F_G \cdot \mu \cdot d/2$

Vom Beginn der Drehung der Welle bis zur Höchstdrehzahl verändert sich also die Reibungszahl.
Diese Verhältnisse hat Stribek in der nach ihm benannten **Stribek-Kurve** dargestellt.

Stribek-Kurve — Festkörper-, Misch- bis Flüssigkeitsreibung

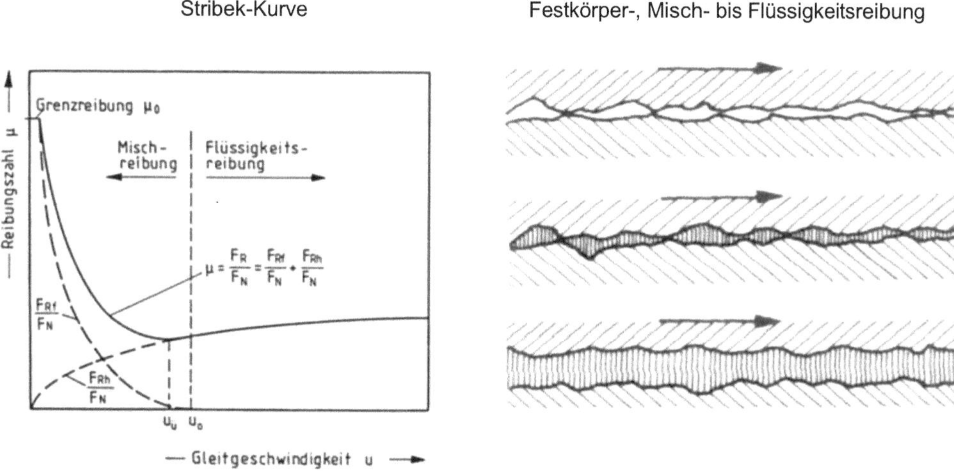

Anhaltswerte Gleitlager	Reibungszahl μ
Bronze-Lager mit Fettschmierung	= 0,08 – 0,15
Sinterbronze	= 0,06 – 0,10
PTFE-Composite-Gleitlager	= 0,03 – 0,13
POM-Composite Gleitlager	= 0,02 – 0,20
PTFE-Stahlfaserverbund-Gleitlager	= 0,03 – 0,08
Faserverbund-Gleitlager	= 0,03 – 0,06

12.4.3 Lagerreibung – Wälzlager

Die Umlaufverhältnisse mit unterschiedlichen Wälzkörpern – Kugeln, Rollen, Nadeln, Kegelrollen usw. – sind bei den Wälzlagern naturgemäß etwas komplexer als bei den Gleitlagern.

Für die unterschiedlichen Lagertypen und deren diverse Bauformen finden Sie die entsprechenden Gleichungen zur Berechnung des Reibmomentes jeweils im Vorspann des Kataloges des jeweiligen Herstellers.

Hier auszugsweise die Gleichungen zur überschlägigen und der genauen Berechnung des Reibmomentes aus dem Lagerkatalog von SKF.

Platz für Ihre persönlichen Erweiterungen

Überschlägige Berechnung für nicht gedichtete Lager	Genaue Berechnung mit allen Einfluss Faktoren
$M_{R\,LG} = 0{,}5 \cdot \mu \cdot P \cdot d$	$M_{R\,LG} = M_{rr} + M_{sl} + M_{seal} + M_{drag}$

$M_{R\,LG}$ = Reibmoment
P = Äquivalenzbelastung
d = Bohrungsdurchmesser Lager
μ = Reibungszahl

Reibungszahlen für nicht gedichtete Lager:

Rillenkugellager	= 0,0015
Pendelkugellager	= 0,0010
Schrägkugellager	= 0,0022
Kegelrollenlager	= 0,0018

M_{rr} = Rollreibungsmoment
M_{sl} = Gleitreibungsmoment
M_{seal} = Reibmoment der Berührungsdichtung
M_{drag} = Reibungsmoment durch Strömungs-, Plansch- oder Spritzverluste des Schmiermittels

Zur Berechnung der o.g. Einzelverluste finden Sie im Katalog des Herstellers weitere Gleichungen.

13. Rollenzug – Flaschenzug – Kräfte

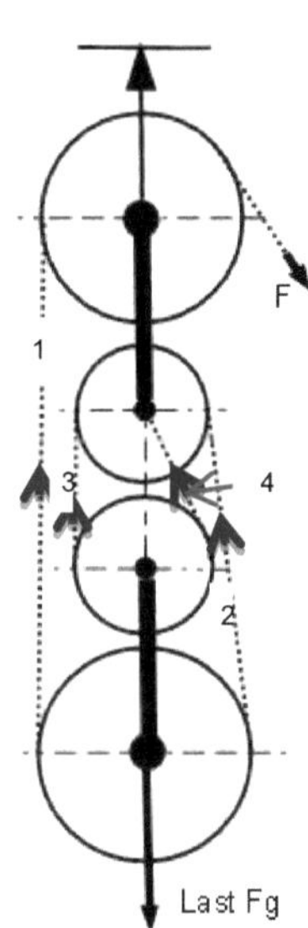

Der Rollenzug besteht aus festen, hier die beiden oberen Rollen, und losen Rollen.
Durch diese Kombination der Rollen haben wir im System eine Übersetzung.
Die Zugkraft F wird gegenüber der Last F_G kleiner und der Weg an F gegenüber F_G größer.
Auch hier sind Verluste durch Reibung vorhanden. Der gesamte Verlust besteht aus den Reibungsverlusten in den Lagern der Rollen, der Seilreibung auf den Rollen und dem Biegesteifigkeitsverlust.
Ganz speziell wird der letzte genannte Verlust bei Drahtseilen die Verluste deutlich erhöhen.
Die Berechnung dieses Verlustwertes ist sehr schwierig, wenn nicht sogar unmöglich. Wir wissen, dass der Verlust an den losen Rollen kleiner als an den festen Rollen ist.
In der **praktischen Berechnung** setzen wir für jede Rolle einen Wirkungsgrad **η von 0,95** an. Das führt zu einem hinreichend genauen Ergebnis.

Wirkungsgrad allgemein→	$\eta = P_{ab} / P_{zu}$ oder $\eta = W_{ab} / W_{zu}$
Gesamtwirkungsgrad allgemein → F_i = Kraft im i-ten Seilstrang F_G= Zu hebende Last F = Aufzubringende Kraft i = Anzahl tragende Seilstränge = Anzahl Wirkungsgrade = Anzahl der Rollen η = Wirkungsgrad (0,95) $\eta_{Ges.}$ = Gesamter Wirkungsgrad	$\eta_{Ges.} = \eta_1 \cdot \eta_2 \cdot \eta_3 \cdot \eta_4 \ldots\ldots \cdot \eta_i$ $\Sigma F_y = F_1 + F_2 + F_3 + F_4 - F_G = 0$ $\rightarrow = \eta \cdot F + \eta^2 \cdot F + \eta^3 \cdot F + \eta^4 \cdot F = F_G$ $\rightarrow = F \cdot (\eta + \eta^2 + \eta^3 + \eta^4) = F_G$ $\rightarrow F = F_G / (\eta + \eta^2 + \eta^3 + \eta^4)$
P = Leistung W = Arbeit P_{zu} = Leistung an Stelle F P_{ab} = Leistung an Stelle F_G	$\rightarrow F = F_G \cdot \frac{1-\eta}{\eta \cdot (1-\eta^i)}$

Platz für Ihre persönlichen Erweiterungen

13.1 Rollenzug – Flaschenzug – Wirkungsgrad – Weg/Kraft Verhältnis

An der Stelle F legen wir den Weg s zurück (s. Bild Kap. 13). An der Stelle F_G dagegen ist der zurückgelegte Weg $s_G = s / i$.

D. h., dass im gezeigten Fall bei vier Seilsträngen:

Der Weg an der Stelle F ist viermal so groß, wie an der Stelle F_G. Ohne Verluste wäre also die Kraft F_G auch viermal so groß wie die aufzuwendende Kraft an F.

Da wir aber bekanntermaßen Verluste haben, werden wir diese zwangsläufig in unsere Berechnung einbeziehen müssen.

→ aus $s_G = s / i$ und $\eta_{Ges.} = W_{ab} / W_{zu}$ und $W_{ab} = F_G \cdot s_G$ und $W_{zu} = F \cdot s$

→ $W_{ab} = F_G \cdot s / i$ und damit $\eta_{Ges.} = \frac{F_G \cdot s}{i \cdot F \cdot s} = \frac{F_G}{i \cdot F}$

→ da $F = F_G / (\eta + \eta^2 + \eta^3 + \eta^4)$ aus Kap. 13, eingesetzt in obige Gleichung

→ $\eta_{Ges.} = \frac{F_G \cdot (\eta + \eta^2 + \eta^3 + \eta^4)}{i \cdot F_G}$

→ $\eta_{Ges.} = \frac{\eta + \eta^2 + \eta^3 + \eta^4 + \cdots \eta^i}{i}$ oder $\eta_{Ges.} = \frac{\sum_{n=1}^{n=i} \eta^n}{i}$

14. Umlenkrolle

Aus dem über den Rollenzug Gesagten ergibt sich, dass wir auch hier mit einem Wirkungsgrad **η von 0,95** für jede Umlenkrolle zu einem für die Praxis hinreichend genauen Ergebnis kommen werden.

Das führt uns zu folgenden Gleichungen:

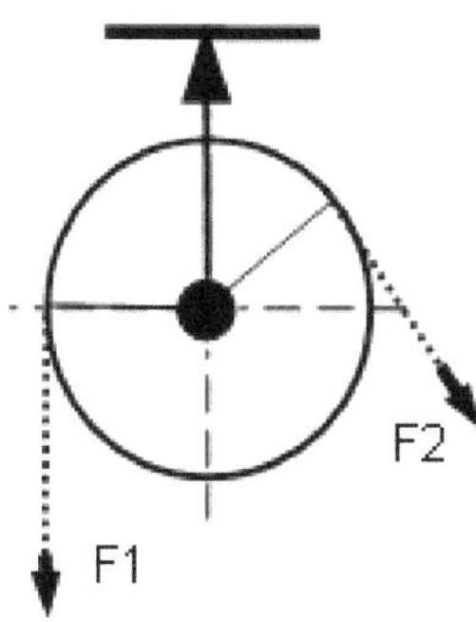

Die Definition des Wirkungsgrades führt zu:

$\eta = F_2 / F_1$ → $F_1 = F_2 / \eta$

oder $\eta = P_2 / P_1$ → $P_1 = P_2 / \eta$

oder $\eta = M_{T2} / M_{T1}$ → $M_{T1} = M_{T2} / \eta$

und $M_R = M_{T1} - M_{T2}$

F_1 = Aufzubringende Kraft
F_2 = Zu ziehende Last (Kraft)

P = Leistung
M_T = Drehmoment
M_R = Reibmoment

η = Wirkungsgrad – hierin sind alle Verluste berücksichtigt – Praxisnah anzunehmen mit η = 0,95 je Umlenkrolle

Platz für Ihre persönlichen Erweiterungen

1. Aufgaben der Statik

An Bauteilen greifen Kräfte und/oder auch Momente an. Kräfte und Momente werden hervorgerufen durch z. B. das Eigengewicht, Riemenkräfte, Schneelast und Reibung usw.

Diese angreifenden Kräfte nennen wir Aktionskräfte. Die Aufgabe der Statik ist es, die Reaktionskräfte (Stützkräfte, Lagerkräfte) zu ermitteln. Newton hat das im 3.ten Newton'schen Axiom formuliert mit Actio = Reactio.

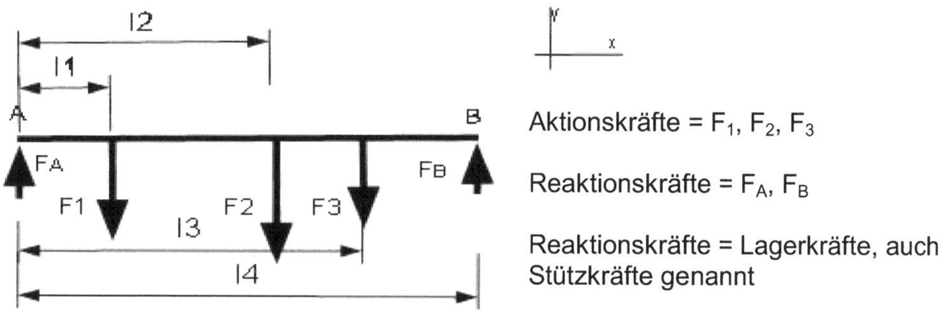

Aktionskräfte = F_1, F_2, F_3

Reaktionskräfte = F_A, F_B

Reaktionskräfte = Lagerkräfte, auch Stützkräfte genannt

Diese so formulierte Bedingung machen wir uns als Berechnungsgrundlage der Statik zunutze. D. h., wo eine Aktionskraft ist, muss eine gleich große Reaktionskraft sein, damit der Körper, auf den die Aktionskraft wirkt, in Ruhe (ruhend = statisch) bleibt, also keine Bewegung des Körpers stattfindet.

Daher der Name Statik im Gegensatz zur Dynamik, die sich mit der Bewegung beschäftigt.

1.1 Größen der Statik

Zu nennen sind hier die Kraft (F) und das Kraftmoment (M), welches wir als Drehmoment (M_T) bezeichnen, wenn das Kraftmoment eine Drehung verursacht (Dynamik) oder auch als Biegemoment (M_B), wenn das Kraftmoment eine Biegung zur Folge hat.

1.2 Kraft F

Kräfte können wir als Vektoren (Pfeile) darstellen. Vektoren werden bestimmt durch ihren Betrag, ihre Wirk(ungs)linie und ihre Wirk(ungs)richtung, auch Richtungssinn genannt.
Kräfte können auf ihrer Wirklinie (WL) beliebig (weit) verschoben werden, ohne dass sich die Wirkung auf den Körper verändert, auf den sie einwirken. Diese Gegebenheit nennen wir auch den Längsverschiebungssatz.

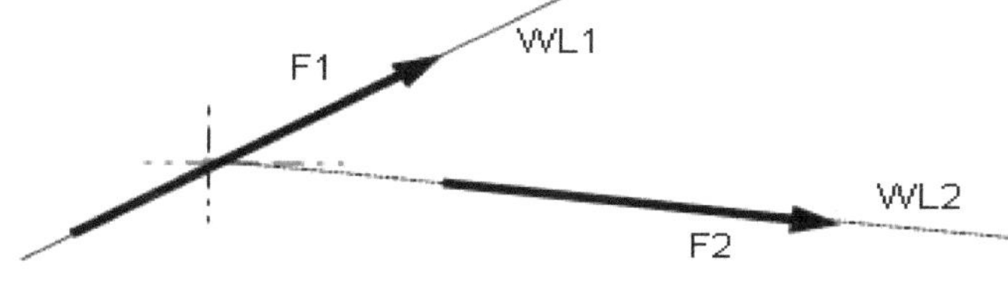

Platz für Ihre persönlichen Erweiterungen

1.3 Kraftmoment M

Das Kraftmoment ist definiert als Kraft · rechtwinklig darauf stehendem Hebelarm, auch Wirkungsabstand genannt.

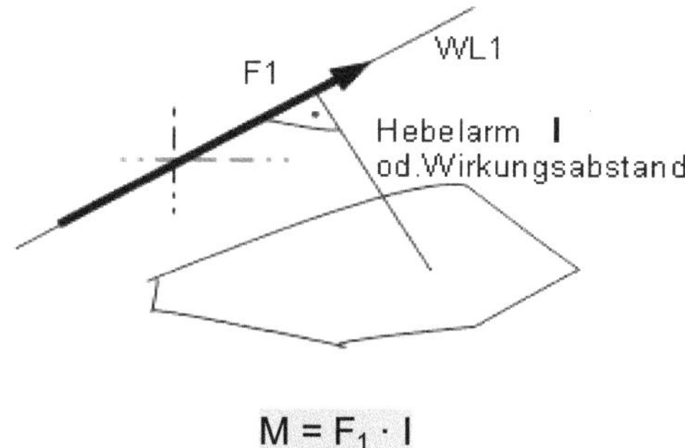

$$M = F_1 \cdot l$$

1.4 Resultierende Kraft

Die Kraft, die alleine die gleiche Wirkung auf den Körper hat wie mehrere auf den Körper einwirkende Kräfte, nennen wir die resultierende Kraft. Die resultierende Kraft bilden wir zeichnerisch nach mehreren Verfahren.

Wenn zwei Kräfte rechtwinklig zueinander stehen, bilden wir die resultierende Kraft über das Kraftdreieck.

Wenn zwei Kräfte nicht rechtwinklig und nicht parallel zueinander stehen, bilden wir die resultierende Kraft mithilfe des Parallelogrammsatzes.

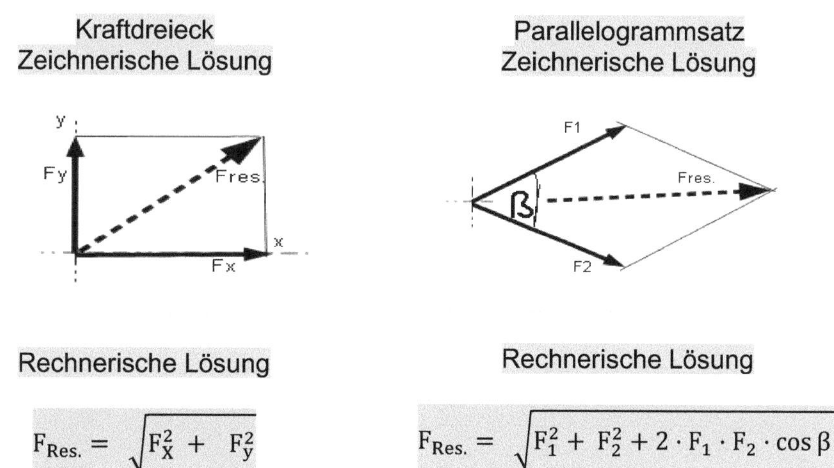

Eine weitere zeichnerische Möglichkeit, beliebig viele Kräfte durch eine resultierende Kraft zu ersetzen, ist das sogenannte Krafteck.

Im nachfolgenden Beispiel wird die Ermittlung der Resultierenden in einem zentralen Kräftesystem gezeigt. (Alle Kräfte greifen am gleichen Punkt an.)

Platz für Ihre persönlichen Erweiterungen

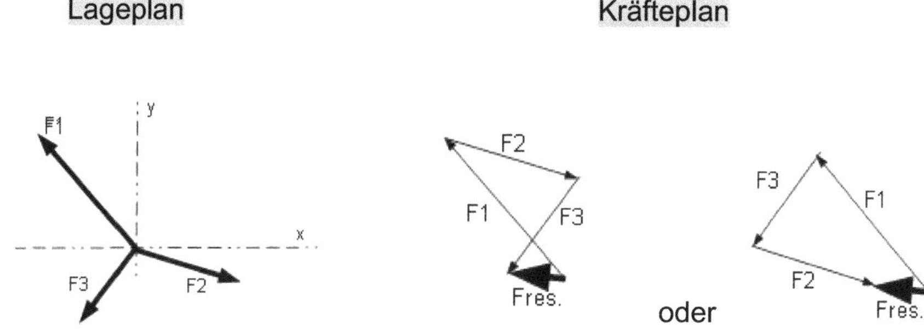

Die Regeln des Kraftecks sind einfach. Aus dem Lageplan entnehmen Sie die Größe und die Richtung. Dann tragen Sie, in einem von Ihnen gewählten **Maßstab**, die Kräfte in **gleichem Richtungssinn** in **beliebiger Reihenfolge** in einen Kräfteplan ein.

Am Ende schließen Sie das Krafteck mit der resultierenden Kraft, d. h., Pfeilspitze der resultierenden Kraft zur Pfeilspitze der zuletzt eingetragenen Kraft und das pfeillose Ende an das pfeillose Ende der zuerst eingetragenen Kraft.

Das heißt natürlich auch, dass wir eine (resultierende) Kraft in mehrere Kräfte zerlegen können, die ihrerseits wiederum gemeinsam die gleiche Wirkung auf den Körper ausüben. Hier gezeigt am gleichen Beispiel wie vorher:

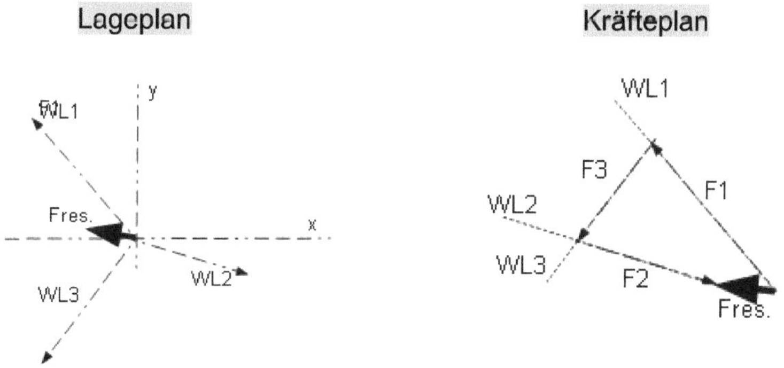

In diesem Fall ist die resultierende Kraft $F_{res.}$ die bekannte Kraft. Im Lageplan tragen Sie bitte die resultierende Kraft ein. Als Nächstes tragen Sie bitte die Richtungen der Kräfte ein, in die Sie die resultierende Kraft zerlegen wollen.

Die Richtungen der Kräfte werden bestimmt durch ihre Wirklinien.

Als Nächstes übertragen sie die resultierende Kraft maßstäblich in der Richtung und im Richtungssinn in den Kräfteplan ein.
Dann bestimmen Sie die Größe einer Kraft, z. B. der Kraft F_1 auf der Wirklinie 1. Dann schließen Sie das Krafteck sinngemäß, wie im vorigen Beispiel gezeigt. Erkannt haben Sie damit, dass die Kräfte, in die Sie die resultierende Kraft zerlegen können, verschieden groß sein können. Es gibt also mehrere Lösungen.

Platz für Ihre persönlichen Erweiterungen

1.5 Bewegungsmöglichkeiten eines Körpers in der Ebene – Freiheitsgrade in der Ebene –

Hier führen wir eine weitere Definition als Hilfe zur Darstellung ein, das Koordinatensystem.

Dieses Koordinatensystem ist in den Kapiteln 1. – 1.4 schon zur Darstellung der entsprechenden Gegebenheiten zur Anwendung gekommen.

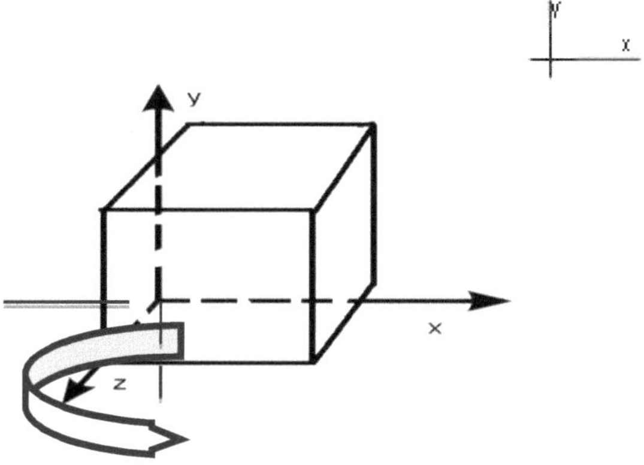

In dem oben gezeigten Bild sind die Bewegungsmöglichkeiten eines Körpers in der Ebene zu erkennen. Diese Bewegungsmöglichkeiten nennen wir die **Freiheitsgrade.**

Unschwer zu erkennen ist, dass der Körper in der Ebene also 3 Freiheitsgrade hat. Er kann sich in der x- und der y-Achse linear bewegen und um die z-Achse drehen.

Somit haben wir erkannt, dass ein Körper nur in Ruhe (statisch) sein kann, wenn die Summe aller auf ihn wirkenden Kräfte und die Summe aller auf ihn wirkenden Momente gleich null ist.

$$\rightarrow \sum F_x = 0 \quad \text{und} \quad \sum F_Y = 0 \quad \text{und} \quad \sum M_Z = 0$$

Diese Erkenntnis werden wir im Folgenden als eine der Grundlagen zur Berechnung fehlender Größen in der Statik anwenden.

Platz für Ihre persönlichen Erweiterungen

1.6 Zentrales Kräftesystem – Ermittlung der Resultierenden

Unter einem zentralen Kräftesystem verstehen wir ein System, in dem alle an einem Bauteil wirkenden Kräfte den gleichen Kraftangriffspunkt haben und somit zentral auf das Bauteil einwirken.

Sie zeichnen als Erstes ein Koordinatenkreuz. Dann tragen Sie alle Kräfte und deren zugehörige Winkel α (unmaßstäblich) in das Koordinatenkreuz ein (wie im folgenden Bild dargestellt).
Diese Darstellung nennen wir den Lageplan der Kräfte.

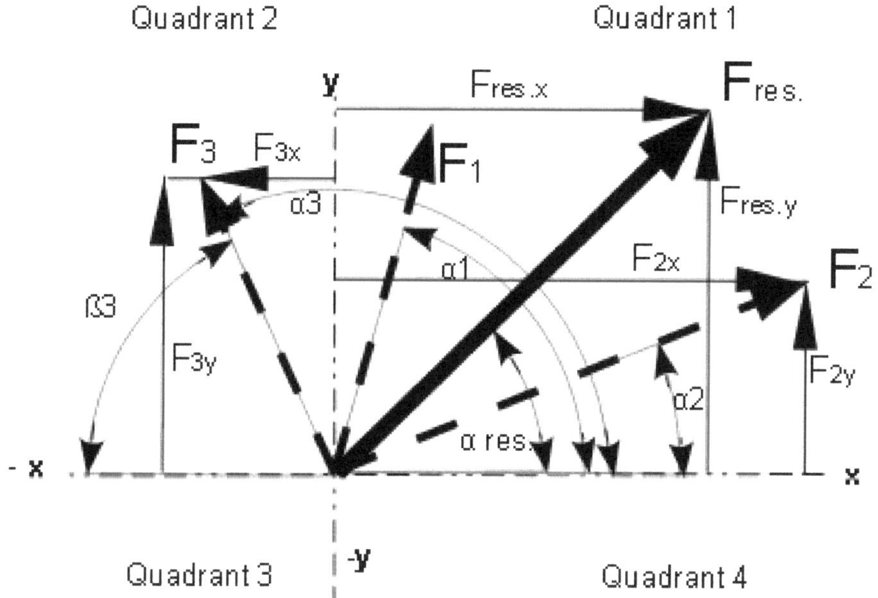

Wie aus dem obigen Bild erkennbar, zerlegen wir jede Kraft in eine x- und y-Komponente. Weiterhin teilen wir unser Koordinatensystem in vier Quadranten auf, beginnend mit dem Quadranten 1 zwischen der positiven x- und y-Achse.
Als rechnerischen Bezugswinkel legen wir den Winkel α fest, der grundsätzlich von der positiven x-Achse links herum gemessen wird.

Das hat den Vorteil, dass wir in jedem der oben erkennbaren Quadranten jeweils den gleichen Modus in den geschriebenen Gleichungen verwenden können.

Die Richtungen der einzelnen x- und y-Komponenten werden durch das Vorzeichen der einzelnen Komponenten bestimmt.

Das bedeutet zum Beispiel, dass eine negative x-Komponente nach links wirkt und eine negative y-Komponente zwingend nach unten zeigt.

Analog gilt dies natürlich auch für die positiven Vorzeichen der Komponenten.
Für die Berechnung der einzelnen x- und y-Komponenten gilt dann:

Platz für Ihre persönlichen Erweiterungen

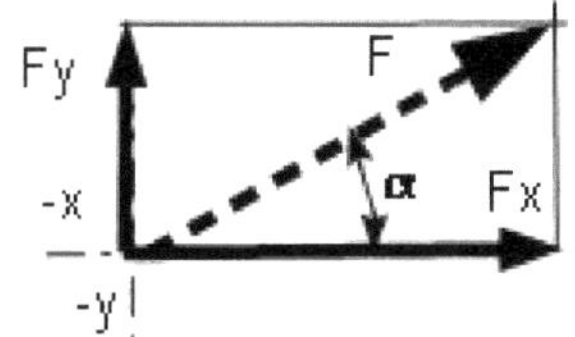

$$F_x = F \cdot \cos\alpha$$

$$F_y = F \cdot \sin\alpha$$

Da wir aber mehrere Kräfte im zentralen Kräftesystem zu bewerten haben, führt das zu einer Summe aller x- und y-Komponenten.

$\rightarrow \sum F_{ix} = F_i \cdot \cos\alpha_i$ und $\sum F_{iy} = F_i \cdot \sin\alpha_i$

Der Index i steht hier allgemein für die Anzahl der vorhandenen Kräfte.
Aus den Summen der einzelnen x- und y-Komponenten bilden wir dann wieder die Resultierende aus allen Kräften.

$$\rightarrow \qquad F_{Res.} = \sqrt{\sum F_{ix}^2 + \sum F_{iy}^2}$$

mit $\sum F_{ix} = F_1 \cdot \cos\alpha_1 + F_2 \cdot \cos\alpha_2 + \ldots.\ F_i \cdot \cos\alpha_i$

und $\sum F_{iy} = F_1 \cdot \sin\alpha_1 + F_2 \cdot \sin\alpha_2 + \ldots\ldots\ F_i \cdot \sin\alpha_i$

Das System haben wir in vier Quadranten unterteilt, um uns damit den Vorteil gleicher Berechnungsmöglichkeiten in allen vier Quadranten zu sichern.

Im Lageplan haben wir 2 Winkel eingetragen, den Winkel α + den Winkel β.

Der Winkel β ist in jedem Quadranten der Winkel zwischen der Kraft und der jeweiligen nächstgelegenen x-Achse.

Daraus ergibt sich folgende Situation:

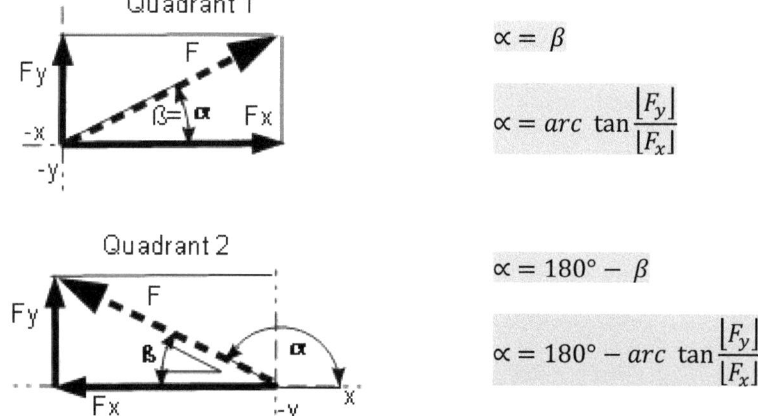

$$\alpha = \beta$$

$$\alpha = arc\ \tan\frac{|F_y|}{|F_x|}$$

$$\alpha = 180° - \beta$$

$$\alpha = 180° - arc\ \tan\frac{|F_y|}{|F_x|}$$

Platz für Ihre persönlichen Erweiterungen

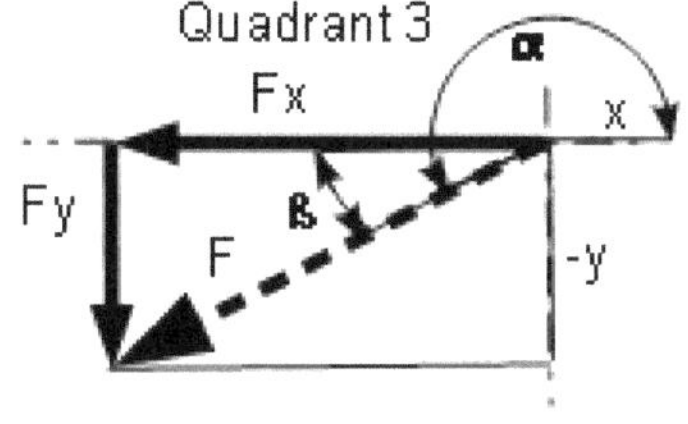

$$\propto = 180° + \beta$$

$$\propto = 180° + arc\ \tan\frac{\lfloor F_y \rfloor}{\lfloor F_x \rfloor}$$

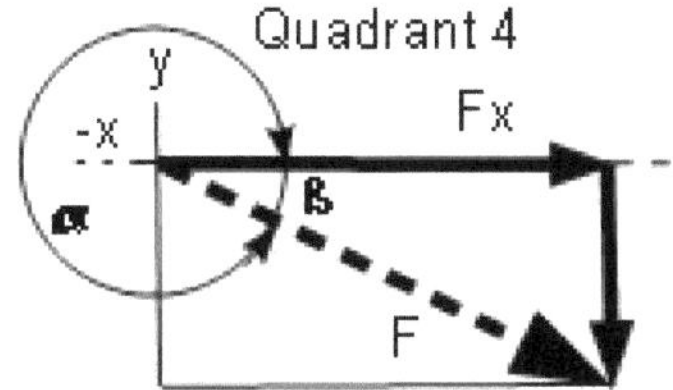

$$\propto = 360° - \beta$$

$$\propto = 360° - arc\ \tan\frac{\lfloor F_y \rfloor}{\lfloor F_x \rfloor}$$

Den Betrag der resultierenden Kraft $\mathbf{F_{Res.}}$ haben wir oben schon berechnet.

Was uns fehlt, ist der Winkel α gegenüber der positiven x-Achse, um die Lage der resultierenden Kraft zu bestimmen.

Diesen Winkel bestimmen wir über die vorgenannten unterschiedlichen Gegebenheiten in den vier Quadranten.

Damit haben wir die Größe (den Betrag resultierenden Kraft $\mathbf{F_{Res.}}$) und den schon definierten Winkel α bestimmt.

Beispiel 1: Sie haben für $\sum \mathbf{F_{i_X}}$ einen negativen Wert berechnet und für $\sum \mathbf{F_{i_y}}$ einen positiven Wert, dann heißt das nach oben gemachten Unterschieden in der Berechnung in **Abhängigkeit** vom jeweiligen Quadranten, dass die resultierende Kraft im 2.ten Quadranten liegt.

Sie nehmen also zur Berechnung des Winkels α die vorgenannte Gleichung, die dem 2.ten Quadranten zugewiesen ist.

Beispiel 2: Sie haben für $\sum \mathbf{F_{i_X}}$ einen negativen Wert berechnet und für $\sum \mathbf{F_{i_y}}$ einen negativen Wert, dann heißt das nach oben gemachten Unterschieden in der Berechnung in **Abhängigkeit** vom jeweiligen Quadranten, dass die resultierende Kraft im 3.ten Quadranten liegt.

Sie nehmen also zur Berechnung des Winkels α die vorgenannte Gleichung, die dem 3.ten Quadranten zugewiesen ist.

Platz für Ihre persönlichen Erweiterungen

1.6.1 Zentrales Kräftesystem – Ermittlung von Kräften aus einer Resultierenden

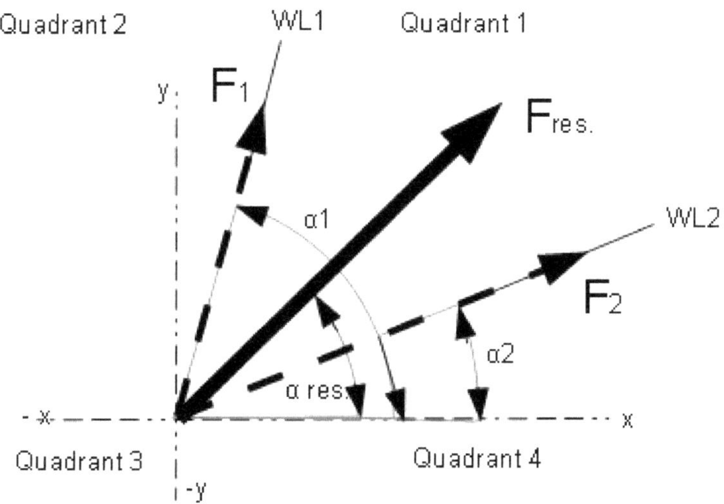

Als Erstes erstellen Sie auch hier einen Lageplan der Kräfte. Hier ist nun allerdings nur eine Kraft der Größe, der Richtung und dem Richtungssinn nach bekannt. Das ist die resultierende Kraft $F_{res.}$.

Diese tragen Sie im Lageplan mit Richtung, Richtungssinn und dem zugehörigen Winkel $\alpha_{res.}$ unmaßstäblich ein.

Weiterhin bekannt sind die zugehörigen Winkel α der gesuchten Kräfte F_1 und F_2.

Dann zeichnen Sie die Wirklinien der gesuchten Kräfte – hier F_1 und F_2 – mit dem zugehörigen Winkel α in den Lageplan.

Dann legen Sie den Richtungssinn der gesuchten Kräfte beliebig fest. Sollte die Annahme des Richtungssinnes falsch sein, wird der Betrag der entsprechenden Kraft ein negatives Vorzeichen haben.

Zur Berechnung gilt das im vorhergehenden Kapitel 1.6 Gesagte analog:

$F_x = F \cdot \cos\alpha$ und $F_y = F \cdot \sin\propto$

$$\sum F_{ix} = F_1 \cdot \cos\propto_1 + F_2 \cdot \cos\propto_2 + ... F_i \cdot \cos\propto_i$$

$$\sum F_{iy} = F_1 \cdot \sin\propto_1 + F_2 \cdot \sin\propto_2 + ... F_i \cdot \sin\propto_i$$

Platz für Ihre persönlichen Erweiterungen

und $F_{Res.} = \sqrt{\sum F_{ix}^2 + \sum F_{iy}^2}$

Für den auf der vorherigen Seite gezeigten Lageplan ergibt sich damit folgende Berechnungssituation:

I: $\sum F_x = F_1 \cdot \cos\alpha_1 + F_2 \cdot \cos\alpha_2 + F_{res.} \cdot \cos\alpha_{res.} = 0$

II: $\sum F_y = F_1 \cdot \sin\alpha_1 + F_2 \cdot \sin\alpha_2 + F_{res.} \cdot \sin\alpha_{res.} = 0$

Damit haben wir zwei Gleichungen mit jeweils zwei Unbekannten: F_1 und F_2. Diese lösen wir bekanntermaßen wie folgt:

Möglichkeit 1:
Aus Gl. I: → $F_1 = (- F_2 \cdot \cos\alpha_2 - F_{res.} \cdot \cos\alpha_{res.}) / \cos\alpha_1$
Aus Gl. II: → $F_1 = (- F_2 \cdot \sin\alpha_2 - F_{res.} \cdot \sin\alpha_{res.}) / \sin\alpha_1$

Gleichsetzen der beiden Gleichungen ergibt:

$$\frac{-F_2 \cdot \cos\alpha_2 - F_{res.} \cdot \cos\alpha_{res.}}{\cos\alpha_1} = \frac{-F_2 \cdot \sin\alpha_2 - F_{res.} \cdot \sin\alpha_{res.}}{\sin\alpha_1}$$

$$\rightarrow \quad (-F_2 \cdot \cos\alpha_2 - F_{res.} \cdot \cos\alpha_{res.}) \cdot \sin\alpha_1 = (-F_2 \cdot \sin\alpha_2 - F_{res.} \cdot \sin\alpha_{res.}) \cdot \cos\alpha_1$$

$$\rightarrow \quad -F_2 \cdot \cos\alpha_2 \cdot \sin\alpha_1 - F_{res.} \cdot \cos\alpha_{res.} \cdot \sin\alpha_1 = -F_2 \cdot \sin\alpha_2 \cdot \cos\alpha_1 - F_{res.} \cdot \sin\alpha_{res.} \cdot \cos\alpha_1$$

$$\rightarrow \quad -F_2 \cdot \cos\alpha_2 \cdot \sin\alpha_1 - F_{res.} \cdot \cos\alpha_{res.} \cdot \sin\alpha_1 + F_2 \cdot \sin\alpha_2 \cdot \cos\alpha_1 + F_{res.} \cdot \sin\alpha_{res.} \cdot \cos\alpha_1 = 0$$

$$\rightarrow \quad -F_2 \cdot \cos\alpha_2 \cdot \sin\alpha_1 + F_2 \cdot \sin\alpha_2 \cdot \cos\alpha_1 = F_{res.} \cdot \cos\alpha_{res.} \cdot \sin\alpha_1 - F_{res.} \cdot \sin\alpha_{res.} \cdot \cos\alpha_1$$

$$\rightarrow \quad F_2 \cdot (-1 \cdot \cos\alpha_2 \cdot \sin\alpha_1 + 1 \cdot \sin\alpha_2 \cdot \cos\alpha_1) = F_{res.} \cdot \cos\alpha_{res.} \cdot \sin\alpha_1 - F_{res.} \cdot \sin\alpha_{res.} \cdot \cos\alpha_1$$

$$\rightarrow \quad F_2 = \frac{F_{res.} \cdot \cos\alpha_{res.} \cdot \sin\alpha_1 - F_{res.} \cdot \sin\alpha_{res.} \cdot \cos\alpha_1}{-1 \cdot \cos\alpha_2 \cdot \sin\alpha_1 + 1 \cdot \sin\alpha_2 \cdot \cos\alpha_1}$$

Damit haben Sie eine der beiden Unbekannten (hier F_2) errechnet.

→ Aus Gl. I: → $F_1 = (- F_2 \cdot \cos\alpha_2 - F_{res.} \cdot \cos\alpha_{res.}) / \cos\alpha_1$

Damit haben Sie die zweite der beiden Unbekannten (hier F_1) errechnet.

Platz für Ihre persönlichen Erweiterungen

Möglichkeit 2:

Aus Gl. I: $\rightarrow$ $F_2 = (-F_1 \cdot \cos\propto_1 - F_{res.} \cdot \cos\propto_{res.}) / \cos\propto_2$
Aus Gl. II: $\rightarrow$ $F_2 = (-F_1 \cdot \sin\propto_1 - F_{res.} \cdot \sin\propto_{res.}) / \sin\propto_2$

Gleichsetzen der beiden Gleichungen ergibt:

$$\frac{-F_1 \cdot \cos\propto_1 - F_{res.} \cdot \cos\propto_{res.}}{\cos\propto_2} = \frac{-F_1 \cdot \sin\propto_1 - F_{res.} \cdot \sin\propto_{res.}}{\sin\propto_2}$$

$$\rightarrow \quad (-F_1 \cdot \cos\propto_1 - F_{res.} \cdot \cos\propto_{res.}) \cdot \sin\propto_2 = (-F_1 \cdot \sin\propto_1 - F_{res.} \cdot \sin\propto_{res.}) \cdot \cos\propto_2$$

$$\rightarrow \quad -F_1 \cdot \cos\propto_1 \cdot \sin\propto_2 - F_{res.} \cdot \cos\propto_{res.} \cdot \sin\propto_2 = -F_1 \cdot \sin\propto_1 \cdot \cos\propto_2 - F_{res.} \cdot \sin\propto_{res.} \cdot \cos\propto_2$$

$$\rightarrow \quad -F_1 \cdot \cos\propto_1 \cdot \sin\propto_2 - F_{res.} \cdot \cos\propto_{res.} \cdot \sin\propto_2 + F_1 \cdot \sin\propto_1 \cdot \cos\propto_2 + F_{res.} \cdot \sin\propto_{res.} \cdot \cos\propto_2 = 0$$

$$\rightarrow \quad -F_1 \cdot \cos\propto_1 \cdot \sin\propto_2 + F_1 \cdot \sin\propto_1 \cdot \cos\propto_2 = F_{res.} \cdot \cos\propto_{res.} \cdot \sin\propto_2 - F_{res.} \cdot \sin\propto_{res.} \cdot \cos\propto_2$$

$$\rightarrow \quad -F_1 \cdot (1 \cdot \cos\propto_1 \cdot \sin\propto_2 - 1 \cdot \sin\propto_1 \cdot \cos\propto_2) = F_{res.} \cdot \cos\propto_{res.} \cdot \sin\propto_2 - F_{res.} \cdot \sin\propto_{res.} \cdot \cos\propto_2$$

$$\rightarrow \quad -F_1 = \frac{F_{res.} \cdot \cos\propto_{res.} \cdot \sin\propto_2 - F_{res.} \cdot \sin\propto_{res.} \cdot \cos\propto_2}{1 \cdot \cos\propto_1 \cdot \sin\propto_2 - 1 \cdot \sin\propto_1 \cdot \cos\propto_2}$$

Damit haben Sie eine der beiden Unbekannten (hier F_1) errechnet.

$\rightarrow$ Aus Gl. I: $\rightarrow$ $F_2 = (-F_1 \cdot \cos\propto_1 - F_{res.} \cdot \cos\propto_{res.}) / \cos\propto_2$

Damit haben Sie die zweite der beiden Unbekannten (hier F_2) errechnet

Fazit:

In diesem Kapitel wurde gezeigt, wie Sie eine Kraft ($F_{res.}$) in zwei Kräfte (F_1 und F_2) zerlegen können.
Wenn Sie nun die resultierende Kraft ($F_{res.}$) in mehr als zwei Kräfte zerlegen wollen, führt das zu folgendem Problem:

Bekanntlich können wir zwei Unbekannte nur mit Hilfe von zwei Gleichungen ermitteln.
Das führt bei drei Unbekannten dazu, dass Sie im Vorwege eine der drei gesuchten Kräfte werden bestimmen (den Wert festlegen) müssen. Denn, wie vorher gezeigt, stehen uns zur Lösung nur zwei Gleichungen (Gl. I + Gl. II) zur Verfügung und somit können wir nur zwei der drei gesuchten Kräfte rechnerisch ermitteln.

Platz für Ihre persönlichen Erweiterungen

2. Allgemeines Kräftesystem

2.1 Momentensatz – Berechnung von Reaktionskräften in der Ebene

Zur Erinnerung hier nochmals die Definition des Kraftmomentes: = Kraft · Hebelarm

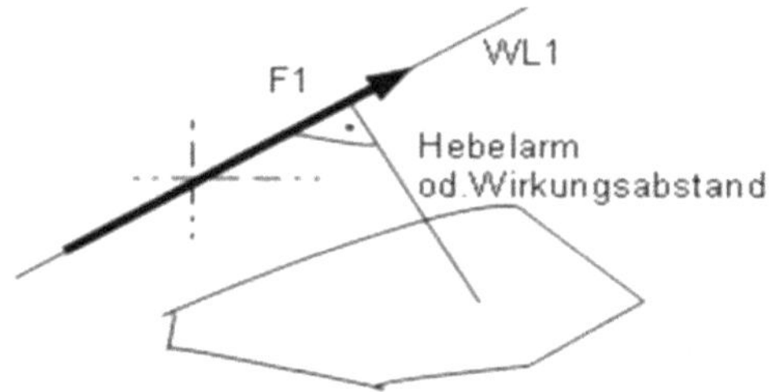

Eine erste Bedingung für die Anwendung des Momentensatzes ist das Festlegen einer Vorzeichenregel, wobei der Richtungssinn beliebig wählbar ist.

Eine zweite Bedingung zur Anwendung des Momentensatzes ist die Bildung der $\sum \boldsymbol{M}$ um einen Punkt, an dem die Kraft unbekannt ist.

Bei Nichtbeachtung der zweiten Bedingung erhalten Sie eine nicht lösbare Gleichung mit zwei Unbekannten.

Die (unmaßstäbliche) Zeichnung, in der wir die Anordnung der Kräfte darstellen, nennen wir eine **Systemzeichnung**.

Zweifach (in A + B) gelagertes Bauteil:

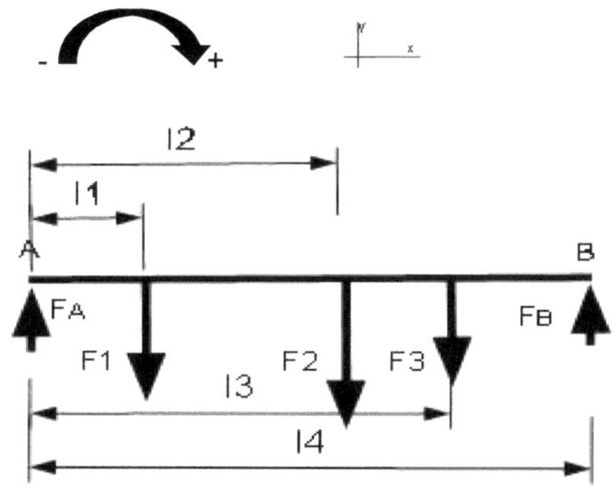

Aktionskräfte = F_1, F_2, F_3

Reaktionskräfte = F_A, F_B

Reaktionskräfte = Lagerkräfte oder auch Auflagerkräfte genannt

Die beiden Lager A und B sind einwertige Lager, da sie Kräfte nur in einer Richtung (y) aufnehmen.

Einwertige Lager nennen wir auch **Loslager**.

Momentensatz:

Die Lagerkräfte in Punkt A und B sind die unbekannten Kräfte. Aus der oben genannten zweiten Bedingung bilden wir demzufolge die Summe aller Momente um Punkt A oder Punkt B.
Wir entscheiden uns für Punkt A, wobei die Wahl Ihnen überlassen bleibt:

$\rightarrow \sum M_A = F_1 \cdot l_1 + F_2 \cdot l_2 + F_3 \cdot l_3 - F_B \cdot l_4 = 0$

$\rightarrow F_B = (F_1 \cdot l_1 + F_2 \cdot l_2 + F_3 \cdot l_3) / l_4$

Platz für Ihre persönlichen Erweiterungen

Um die unbekannte Kraft F_A zu berechnen, haben Sie zwei Möglichkeiten. Entweder erstellen Sie einen weiteren Momentensatz um Punkt B oder sie entscheiden sich für die Summe aller Fy = 0.

$$\rightarrow \sum M_B = -F_3 \cdot (l_4 - l_3) - F_2 \cdot (l_4 - l_2) - F_1 \cdot (l_4 - l_1) + F_A \cdot l_4 = 0$$

$$\rightarrow F_A = (F_3 \cdot (l_4 - l_3) + F_2 \cdot (l_4 - l_2) + F_1 \cdot (l_4 - l_1)\,) / l_4$$

oder $\sum F_y = F_A - F_1 - F_2 - F_3 + F_B = 0$

$$\rightarrow F_A = F_1 + F_2 + F_3 - F_B$$

Wenn Sie abschließend eine Kontrolle Ihrer Rechnung wünschen, bilden Sie mit den errechneten Werten wiederum die Summe aller Kräfte = 0, wobei wir in diesem Beispiel nur über vorhandene F_y reden, da keine Kräfte in x-Richtung vorhanden sind.

$$\rightarrow \sum F_y = F_A - F_1 - F_2 - F_3 + F_B = 0$$

Mit den eingesetzten errechneten Werten muss diese Summe = 0 sein. Ansonsten haben Sie in den vorausgegangenen Rechnungen einen Fehler gemacht.

Zweifach (in A + B) gelagertes Bauteil:

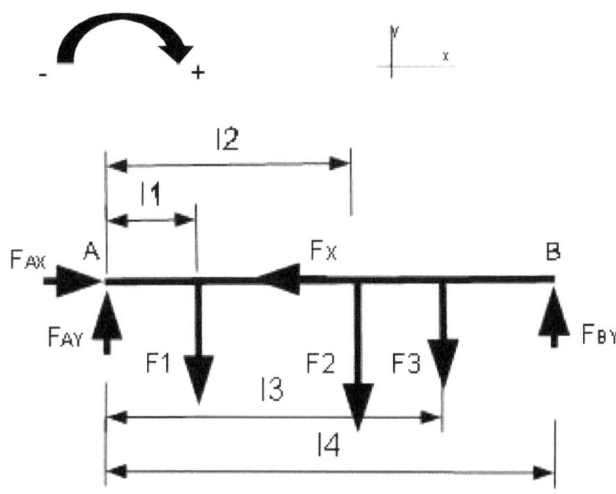

Aktionskräfte = F_1, F_2, F_3, F_x

Reaktionskräfte = F_{AY}, F_{BY}, F_{AX}
Reaktionskräfte = Lagerkräfte oder auch Auflagerkräfte genannt.

Lager B ist ein einwertiges Lager.
Lager A ist ein zweiwertiges Lager, da hier Kräfte in zwei Richtungen (x und y) aufgenommen werden. **Zweiwertige Lager** nennen wir auch **Festlager**.

Momentensatz:

$$\rightarrow \sum M_A = F_1 \cdot l_1 + F_2 \cdot l_2 + F_3 \cdot l_3 - F_{By} \cdot l_4 = 0$$

$$\rightarrow F_{By} = (F_1 \cdot l_1 + F_2 \cdot l_2 + F_3 \cdot l_3) / l_4$$

Um die unbekannte Kraft F_A zu berechnen, haben Sie zwei Möglichkeiten. Entweder machen Sie einen weiteren Momentensatz um Punkt B oder sie entscheiden sich wiederum für die Summe aller $F_y = 0$.

Platz für Ihre persönlichen Erweiterungen

$\rightarrow \sum M_B = -F_1 \cdot (l_4 - l_1) - F_2 \cdot (l_4 - l_2) - F_3 \cdot (l_4 - l_3) + F_{Ay} \cdot l_4 = 0$

$\rightarrow F_{Ay} = F_1 \cdot (l_4 - l_1) + F_2 \cdot (l_4 - l_2) + F_3 \cdot (l_4 - l_3) \;/\; l_4$

oder $\sum F_y = F_{Ay} - F_1 - F_2 - F_3 + F_{By} = 0$

$\rightarrow F_{Ay} = F_1 + F_2 + F_3 - F_{By}$

$\sum F_x = F_{Ax} - F_x = 0$

$\rightarrow F_{Ax} = F_x$

Wenn Sie abschließend eine Kontrolle Ihrer Rechnung wünschen, bilden Sie mit den errechneten Werten wiederum die Summe aller Kräfte = 0, wobei wir in diesem Beispiel über vorhandene Fy und Fx reden, da Kräfte in beiden Richtungen vorhanden sind.

$\rightarrow \sum \mathbf{F_y} = F_{Ay} - \mathbf{F_1} - \mathbf{F_2} - \mathbf{F_3} + \mathbf{F_{By}} = \mathbf{0}$

und $\sum F_x = -F_X + F_{AX} = 0$

Mit den eingesetzten errechneten Werten müssen beide Summen = 0 sein. Ansonsten sind Ihre vorausgegangenen Rechnungen fehlerhaft.

Einseitig (in A) gelagertes Bauteil:

Aktionskräfte = F_1, F_2, F_3, F_x

Reaktionskräfte = F_{AY}, F_{AX}
Reaktionskräfte = Lagerkräfte oder auch Auflagerkräfte genannt.

Lager A ist ein dreiwertiges Lager, da hier Kräfte in zwei Richtungen (x und y) und ein Moment aufgenommen werden.

Dreiwertige Lager sind immer **Festlager**.

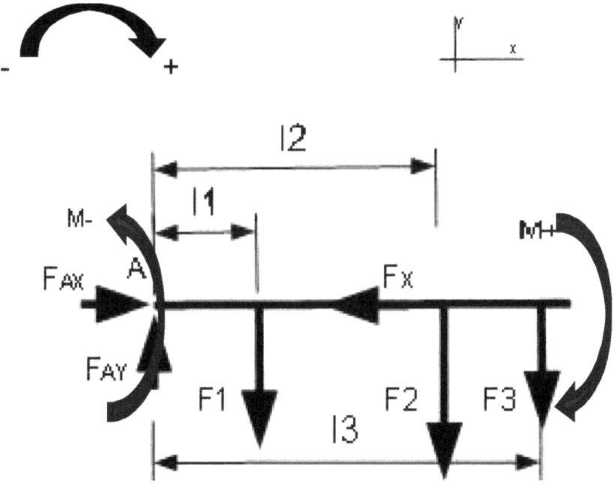

Momentensatz:

$\rightarrow \sum M = -M + M = 0$

$= -M + F_1 \cdot l_1 + F_2 \cdot l_2 + F_3 \cdot l_3 = 0$

$\rightarrow M = F_1 \cdot l_1 + F_2 \cdot l_2 + F_3 \cdot l_3$

und $\sum F_y = F_{AY} - F_1 - F_2 - F_3 = 0$

Platz für Ihre persönlichen Erweiterungen

$\rightarrow \quad F_{AY} = F_1 + F_2 + F_3$

und $\quad \sum F_x = - F_X + F_{AX} = 0$

$\rightarrow \quad F_X = F_{AX}$

2.1.1 Momentensatz - Berechnung von Reaktionskräften bei Streckenlast

Unter Streckenlast verstehen wir, im Gegensatz zur Einzelbelastung (Einzelkraft), eine über eine bestimmte Länge gleichmäßig vorhandene Belastung.

Diese ist z. B. vorhanden durch das Eigengewicht eines Bauteiles und/oder auch durch zusätzliche Lasten.

Die Streckenlast benennen wir mit dem Buchstaben q. Achten Sie hier in Ihren Berechnungen auf die Dimension!

In den Lieferlisten der Hersteller von Normprofilen ist q in kg/m (Masse/m) angegeben und nicht als Gewicht/m (Gewichtskraft/m)!

Naturgemäß können Streckenlasten mit Einzellasten gemeinsam auftreten, z. B. ein nicht vermeidbares Eigengewicht (das Eigengewicht eines Bauteiles ist immer als Streckenlast vorhanden) und zusätzlicher Belastung durch Einzelkräfte.

Reaktionskräfte durch eine Streckenlast, z. B. Eigengewicht:

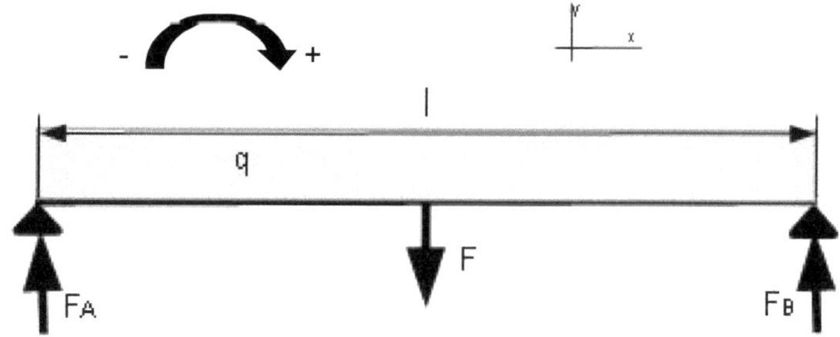

$F = q \cdot l \quad \rightarrow \quad F_A = F_B = q \cdot l / 2$ aufgrund der Symmetrie ohne rechnerischen Nachweis

Mit rechnerischem Nachweis:

$F = q \cdot l$

$\rightarrow \quad \sum M_A = F \cdot l/2 - F_B \cdot l = 0 = q \cdot l^2/2 - q \cdot l^2/2 = 0$

$\rightarrow \quad F_B = (F \cdot l/2) / l = F / 2$

oder $\quad \sum M_B = - F \cdot l/2 + F_A \cdot l = 0 = - q \cdot l^2/2 + q \cdot l^2/2 = 0$

$\rightarrow \quad F_A = (F \cdot l/2) / l = F / 2$

$\rightarrow \quad F_A = F_B$.

Platz für Ihre persönlichen Erweiterungen

2.1.2 Momentensatz - Berechnung von Reaktionskräften bei Streckenlast und Einzellast

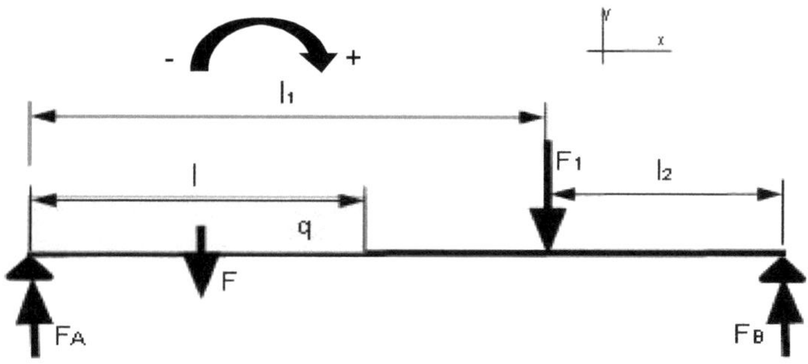

$F = q \cdot l$

und $\sum M_A = F \cdot l/2 + F_1 \cdot l_1 - F_B \cdot (l_1 + l_2) = 0$

$\rightarrow$ $F_B = (F \cdot l/2 + F_1 \cdot l_1) / (l_1 + l_2)$

und $\sum F_y = F_A - F - F_1 + F_B = 0$

$\rightarrow$ $F_A = F + F_1 - F_B$

2.1.3 Momentensatz - Berechnung von Reaktionskräften im Raum – (in x + y Ebene)

In der Praxis haben wir häufig den Fall, dass an einem Punkt eines Bauteiles Kräfte in x- und y-Richtung angreifen, z. B. an Zahnrädern, Reibrädern usw.

Das hat naturgemäß auch Reaktionskräfte in zwei Ebenen zur Folge.

Des Weiteren müssen wir den Momentensatz zweimal anwenden, einmal zur Ermittlung der Reaktionskräfte in der x-Ebene und ein zweites Mal zur Ermittlung der Reaktionskräfte in der y-Ebene.

Aus den errechneten Reaktionskräften in beiden Ebenen können wir die resultierenden Reaktionskräfte bilden.

Damit wir alle am Bauteil angreifenden Kräfte in **einer** Systemzeichnung darstellen können, zeichnen wir das Bauteil schräge, quasi im Raum.

Die Koordinaten des Koordinatenkreuzes belassen wir dabei in der bekannten Lage.

Platz für Ihre persönlichen Erweiterungen

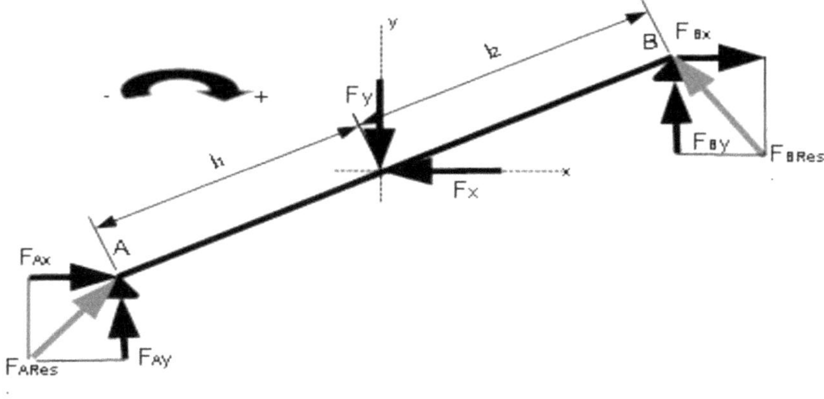

Wir beginnen mit der Summe aller Momente um Punkt A. Selbstverständlich können Sie gleichermaßen mit der Summe aller Momente um Punkt B beginnen.

Die Ergebnisse beider Ansätze sind zwingend identisch.

$$\sum M_{Ax} = - F_x \cdot l_1 + F_{Bx} \cdot (l_1 + l_2) = 0$$

$$\rightarrow F_{BX} = F_X \cdot l_1 / (l_1 + l_2)$$

$$\sum F_X = F_{AX} - F_X + F_{BX} = 0$$

$$\rightarrow F_{AX} = F_X - F_{BX}$$

$$\sum M_{AY} = F_Y \cdot l_1 - F_{BY} \cdot (l_1 + l_2) = 0$$

$$\rightarrow F_{BY} = F_Y \cdot l_1 / (l_1 + l_2)$$

$$\sum F_Y = F_{AY} - F_Y + F_{BY} = 0$$

$$\rightarrow F_{AY} = F_Y - F_{BY}$$

$$\rightarrow F_{ARes} = \sqrt{F_{AX}^2 + F_{AY}^2}$$

und $F_{BRes} = \sqrt{F_{BX}^2 + F_{BY}^2}$

Die resultierenden Kräfte in den Lagerpunkten A + B benötigen wir später, um z. B. die tatsächlich eingesetzten Wälz- oder Gleitlager zu dimensionieren.

Platz für Ihre persönlichen Erweiterungen

2.1.4 Momentensatz – Standsicherheit

Ein beliebiger Körper steht auf einer horizontalen Unterlage.

Davon ausgehend, dass die Reibung – die Reibkraft – zwischen Körper und Unterlage groß genug ist, um eine Bewegung des Körpers zu verhindern, können wir die Standsicherheit folgendermaßen definieren:

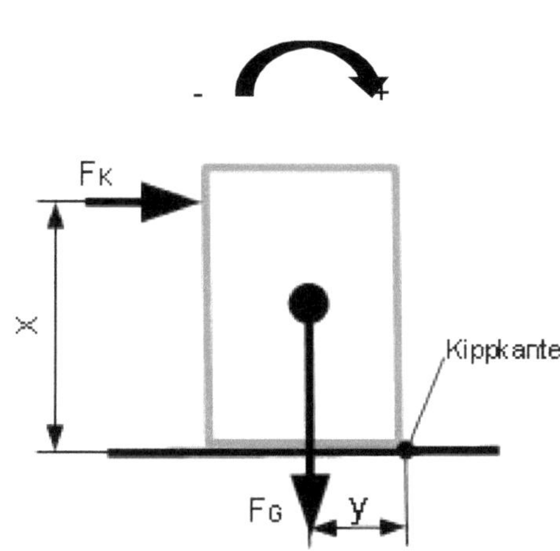

F_K = Kippkraft
F_G = Gewichtskraft

$\sum M = - F_G \cdot y + F_K \cdot x = 0$

$\rightarrow \quad F_G \cdot y = F_K \cdot x$

d. h. Gleichgewicht und somit keine Sicherheit gegen Kippen

→ Definition der Standsicherheit mit

$M_K = F_K \cdot x$ = Kippmoment
$M_S = F_G \cdot y$ = Standmoment

$S = M_S / M_K$ = Sicherheit gegen Kippen

$S < 1$ = Kippen

$S = 1$ = Gleichgewicht

$S > 1$ = Standsicher

2.2 Zerlegen einer Kraft F_R in zwei parallele Kräfte

Zur Lösung dieser Aufgabenstellung nutzen wir den Momentensatz.

Lageplan der Kräfte

- +
y x
l1 l2
A B C
F1 FR F3

Rechnerische Lösung

$F_{R'}$ = Resultierende aus F_1 und $F_{2'}$

$\sum M_A = F_R \cdot l_1 + F_3 \cdot (l_1 + l_2) = 0$

$\rightarrow \; - F_3 = F_R \cdot l_1 / (l_1 + l_2)$ und

$\sum F_Y = - F_1 - F_R - F_{3'} = 0$

$\rightarrow \quad F_1 = - F_R - F_3$

Platz für Ihre persönlichen Erweiterungen

2.3 Allgemeine Unterscheidung von Kräften

Als bekannt vorausgesetzt, nehmen wir als Beispiel zwei übereinander gestapelte Kisten. Dann wird die obere Kiste auf die untere eine Belastung ausüben.

Diese Belastung wird sich mehr oder minder gleichmäßig auf der Fläche der unteren Kiste verteilen.

Wir sprechen hier von Flächenpressung, und die Last, die diese Flächenpressung hervorruft, nennen wir die Oberflächenkraft.

Eine zweite Kraft ist die Volumenkraft (Gewichtskraft). Den Begriff der Masse als bekannt vorausgesetzt, heißt das (2.tes Newton'sches Axiom):

Allgemein: $\mathbf{F = m \cdot a}$

Im Bereich der Erde: $\mathbf{F_g = m \cdot g}$ **g = Erdbeschleunigung = 9,81** $\left[\frac{m}{s^2}\right]$

Diese Gewichtskraft ($F_g = m \cdot g$), erzeugt durch ein Feld – auf der Erde durch das Magnetfeld der Erde – nennen wir deshalb auch Feldkraft.

Wir stellen uns in unseren Berechnungen die Masse sowohl als auch die Gewichtskraft im Massenschwerpunkt angreifend vor.

Der Begriff des Massenschwerpunktes ist hier als bekannt vorausgesetzt und wird im nächsten Kapitel behandelt.

2.3.1 Massenschwerpunkt – Volumenschwerpunkt

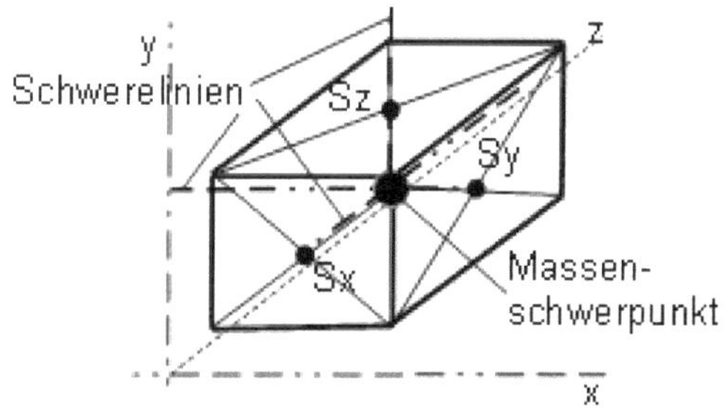

Wie im nebenstehenden Bild erkennbar, hat jede der drei Flächen dieses Körpers einen Flächenschwerpunkt. (s. auch Kap. 4)

Durch jeden dieser Flächenschwerpunkte verläuft eine Schwerelinie (diese ist hier rechtwinklig zur Fläche gerichtet).

Im gemeinsamen Schnittpunkt aller Schwerelinien finden wir den Volumenschwerpunkt und den Massenschwerpunkt – gleiche Dichte im Volumen vorausgesetzt –

Bei diesem simplen Körper ergibt sich die Lage der einzelnen Flächenschwerpunkte aus der Logik von selbst. Der Schwerpunkt wird bei rechteckigen Flächen immer in der Mitte der Fläche liegen. Das ist natürlich auch bei kreisrunden, gleichschenkligen Dreiecksflächen und bei elliptischen Flächen der Fall.

Bei zusammengesetzten Flächen werden wir eine rechnerische Methode anwenden müssen, um den Volumen- und/oder den Massenschwerpunkt festzustellen.
Dies wird im Folgenden an Hand eines Beispieles dargestellt und die rechnerische Methode mithilfe des bekannten Momentensatzes entwickelt.

Platz für Ihre persönlichen Erweiterungen

Darstellung im Format einer technischen Zeichnung:

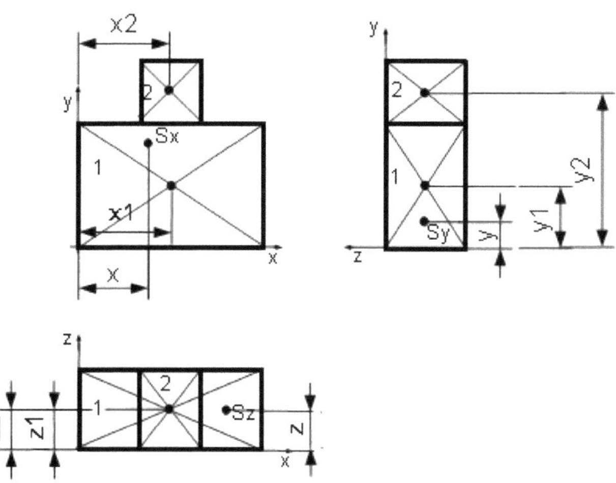

Wenn alle Volumen aus gleichem Material bestehen und damit gleiche Dichte haben, ist der Volumenschwerpunkt gleich dem Massenschwerpunkt.

Das führt zu folgenden Gleichungen:

$$V_1 \cdot x_1 + V_2 \cdot x_2 = (V_1 + V_2) \cdot x$$

$$\rightarrow \quad x = \frac{V_1 \cdot x_1 + V_2 \cdot x_2}{V_1 + V_2}$$

$$\rightarrow \quad y = \frac{V_1 \cdot y_1 + V_2 \cdot y_2}{V_1 + V_2}$$

$$\rightarrow \quad z = \frac{V_1 \cdot z_1 + V_2 \cdot z_2}{V_1 + V_2}$$

x_1 = Schwerpunktsabstand Volumen 1 in x-Richtung

x_2 = Schwerpunktsabstand Volumen 2 in x-Richtung

x = Schwerpunktsabstand des Gesamtvolumens in x-Richtung

S_x = Angenommene Lage des Volumenschwerpunktes in x-Richtung

Analog gilt Gleiches für die y- und z-Richtung

Wenn die Volumen aus ungleichem Material bestehen und damit ungleiche Dichte haben, ist der Volumenschwerpunkt nicht gleich dem Massenschwerpunkt.

Das führt zu folgenden Gleichungen:

$$V_1 \cdot x_1 \cdot \varrho_1 + V_2 \cdot x_2 \cdot \varrho_2 = (V_1 \cdot \varrho_1 + V_2 \cdot \varrho_2) \cdot x$$

$$\rightarrow \quad x = \frac{V_1 \cdot x_1 \cdot \varrho_1 + V_2 \cdot x_2 \cdot \varrho_2}{V_1 \cdot \varrho_1 + V_2 \cdot \varrho_2}$$

$$\rightarrow \quad y = \frac{V_1 \cdot y_1 \cdot \varrho_1 + V_2 \cdot y_2 \cdot \varrho_2}{V_1 \cdot \varrho_1 + V_2 \cdot \varrho_2}$$

$$\rightarrow \quad z = \frac{V_1 \cdot z_1 \cdot \varrho_1 + V_2 \cdot z_2 \cdot \varrho_2}{V_1 \cdot \varrho_1 + V_2 \cdot \varrho_2}$$

x_1 = Schwerpunktsabstand Volumen 1 in x-Richtung

x_2 = Schwerpunktsabstand Volumen 2 in x-Richtung

x = Schwerpunktsabstand des Gesamtvolumens in x-Richtung

S_x = Angenommene Lage des Volumenschwerpunktes in x – Richtung

Analog gilt Gleiches für die y- und z-Richtung

ϱ_1 = Dichte im Volumen 1
ϱ_2 = Dichte im Volumen 2

Platz für Ihre persönlichen Erweiterungen

2.4 Freimachen von Bauteilen

Wie vorher schon beschrieben, ermitteln wir mithilfe der Statik unbekannte Kräfte und Momente, um damit die Bauteile – festigkeitsmäßig – richtig beurteilen (berechnen) zu können.
Das setzt naturgemäß voraus, dass wir alle an den einzelnen Bauteilen angreifenden Kräfte und Momente in Ansatz bringen müssen.

Da die auf die Bauteile wirkenden Kräfte und Momente von einem auf ein benachbartes Bauteil wirken, benötigen wir einen sicheren Weg, für jedes einzelne Bauteil alle auf das einzelne Bauteil wirkenden Kräfte zu ermitteln.
Wir betrachten hier jedes Bauteil für sich alleine, wiederum nach dem Grundsatz der Statik:
Ein Bauteil ist nicht in Bewegung oder mit konstanter Geschwindigkeit in Bewegung, wenn alle auf das Bauteil einwirkenden Kräfte und Momente sich gegenseitig aufheben, also gleich null sind:

$$\rightarrow \quad \sum F_x = 0 \quad \text{und} \quad \sum F_y = 0 \quad \text{und} \quad \sum M = 0$$

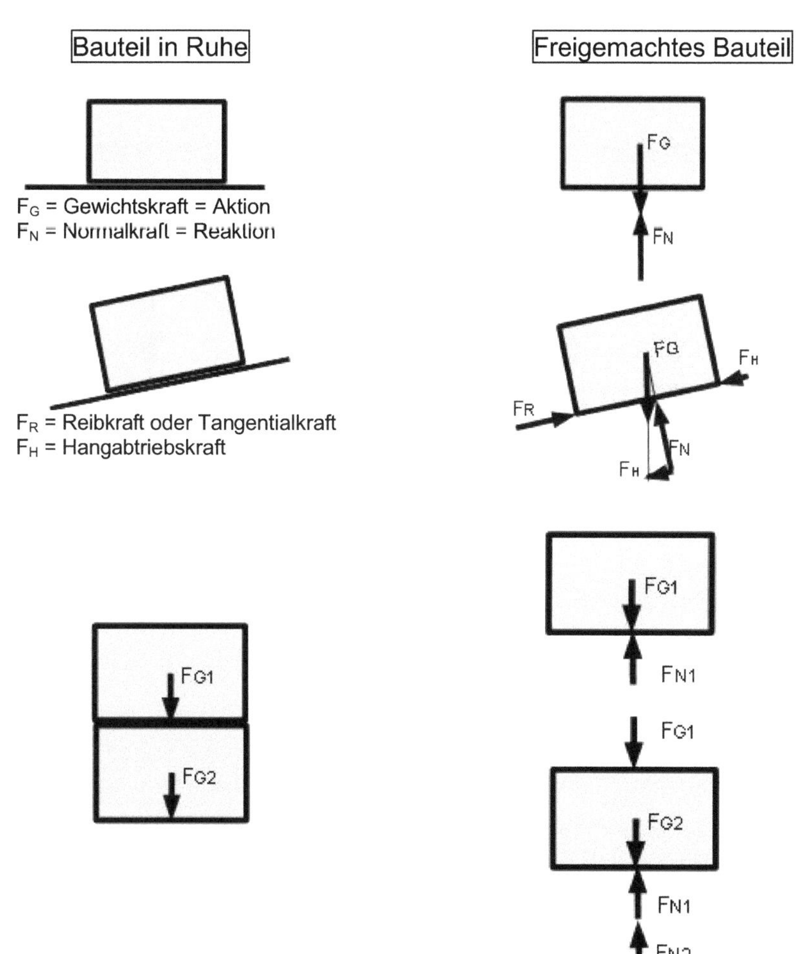

Bauteil in Bewegung

F

F = Bewegungskraft = Aktion
F_R = Reibkraft = Reactio

B
F_G
A

Lager B: Halslager

Freigemachtes Bauteil

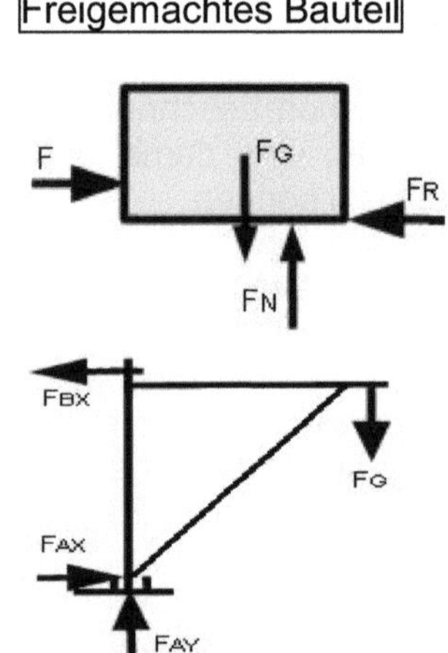

Lager A: Spurlager

3. Biegemoment in der Ebene

Wie im Kapitel 1.1 schon erwähnt, nennen wir ein Kraftmoment Biegemoment, wenn das wirkende Kraftmoment eine Biegung zur Folge hat. Der Definition und der Berechnung des Biegemomentes M_B wenden wir uns im folgenden Abschnitt zu.

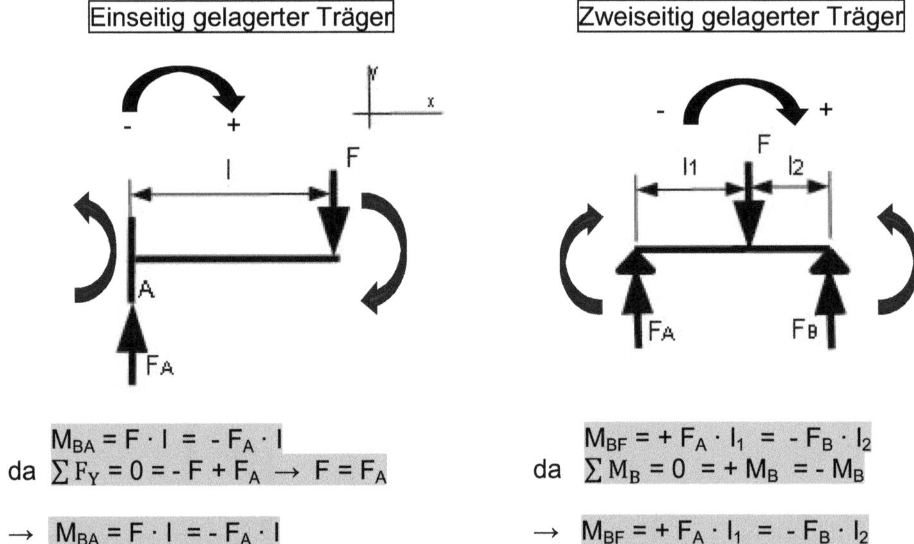

$M_{BA} = F \cdot l = -F_A \cdot l$

da $\sum F_Y = 0 = -F + F_A \rightarrow F = F_A$

$\rightarrow M_{BA} = F \cdot l = -F_A \cdot l$

$M_{BF} = +F_A \cdot l_1 = -F_B \cdot l_2$

da $\sum M_B = 0 = +M_B = -M_B$

$\rightarrow M_{BF} = +F_A \cdot l_1 = -F_B \cdot l_2$

Grundsätzlich können wir davon ausgehen, dass an einer Kraftangriffsstelle die Durchbiegung des Trägers am größten ist. Damit können wir sagen, dass auch die Belastung und damit auch das Biegemoment hier am größten sein muss.

Da die Statik die Grundlage, die Berechnung von Kräften und Momenten zur Festigkeitsberechnung liefert, wird naturgemäß die Stelle der höchsten Belastung für uns an erster Stelle stehen.

Das hat zur Folge, dass wir als Erstes das größte Biegemoment berechnen werden.

D. h., bei einseitig gelagertem Bauteil ist das größte Biegemoment im Lager A zu finden und bei zweiseitig gelagertem Bauteil am Kraftangriffspunkt der Kraft F.

Damit die Berechnung an einem zweiseitig gelagerten Träger vertieft wird, hier ein weiteres Beispiel:

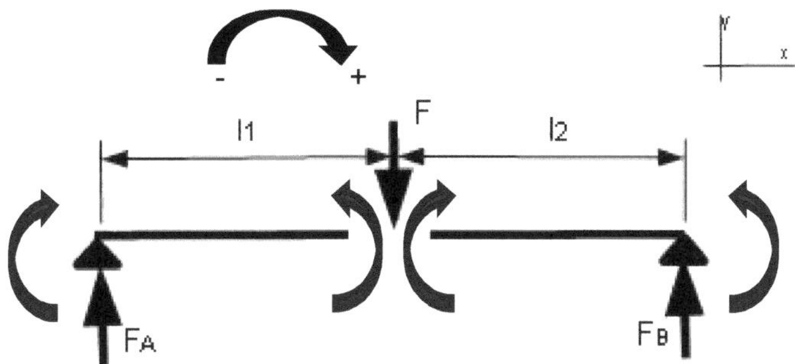

Sie wissen, dass die $\sum M_B = 0$ sein muss. Diese Bedingung gilt für das gesamte System. Die Richtung der Momente an den Lagern A und B haben gegensätzlichen Drehsinn, siehe Bild oben. Damit ist die Bedingung $\sum M_B = 0$ für das System erfüllt.

Wenn wir das oben gezeigte System an der Stelle der Kraft F trennen, wirkt links von der Trennstelle ein Kraftmoment $F_A \cdot l_1$ und rechts davon $-F_B \cdot l_2$.

Dieses gedankliche Trennen des Trägers an einer beliebigen Stelle zur Berechnung des Biegemomentes an der beliebigen Stelle, nennen wir **Freischneiden**.

Da auch hier die $\sum M_B = 0$ sein muss, folgt daraus, dass das Biegemoment an der Stelle des Kraftangriffes links davon einen anderen Drehsinn haben muss, als rechts davon, und der Betrag des Momentes gleich groß sein muss.

→ $M_{BF} = + F_A \cdot l_1 = - F_B \cdot l_2$ wie unter dem Bild des zweiseitig gelagerten Trägers bereits beschrieben.

Analog gilt Gleiches auch für Träger mit mehreren Kräften, auch aus unterschiedlichen Richtungen angreifend.

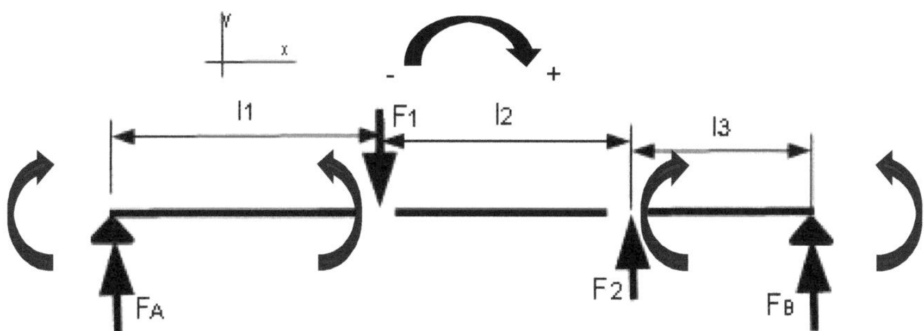

Betrachten wir als Erstes die Stelle am Kraftangriffspunkt F_1. Wenn wir von diesem Kraftangriffspunkt F_1 nach links schauen, erkennen wir, dass hier ein Kraftmoment wirkt: das Kraftmoment $F_A \cdot l_1$.

Platz für Ihre persönlichen Erweiterungen

Die Berechnung der unbekannten Lagerkräfte erfolgt bekanntermaßen mithilfe des Momentensatzes und/oder der Summe aller Kräfte.

$\rightarrow M_{BF1} = + F_A \cdot l_1$

Wenn wir von diesem Kraftangriffspunkt F_1 nach rechts schauen, erkennen wir, dass hier zwei Kraftmomente wirken: das Kraftmoment $- F_2 \cdot l_2$ und $- F_B \cdot (l_2 + l_3)$.

$\rightarrow M_{BF1} = - F_2 \cdot l_2 - F_B \cdot (l_2 + l_3)$

Die vorgenannte Tatsache, dass die Bedingung $\sum M_B = 0$ für das gesamte System erfüllt sein muss, sagt uns, dass der Betrag der beiden oben für den gleichen Kraftangriffspunkt berechneten Biegemomente gleich sein muss, jedoch beide Beträge einen gegensätzlichen Drehsinn haben.

Das Ergebnis der beiden Rechnungen wird also im einen Fall ein negatives und im anderen Fall ein positives Vorzeichen haben.

Das Gleiche gilt analog für den Kraftangriffspunkt F_2. Wenn wir hier nach rechts schauen:

$\rightarrow M_{BF2} = - F_B \cdot l_3$

und wenn wir nach links schauen

$\rightarrow M_{BF2} = - F_1 \cdot l_2 + F_A \cdot (l_1 + l_2)$

Die Ergebnisse sind natürlich vom Betrag her wiederum gleich, jedoch einmal mit negativem und einmal mit positivem Vorzeichen.

3.1 Berechnung der Biegemomente mit schräg angreifender Kraft und Berechnung aller Reaktionskräfte

– Beispiel 1 –

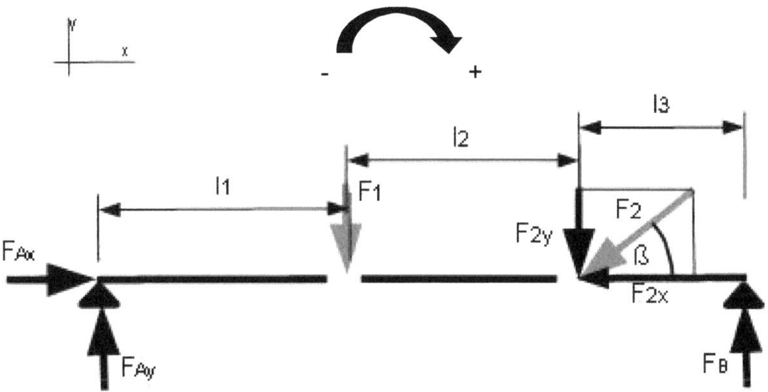

Platz für Ihre persönlichen Erweiterungen

Berechnen der Reaktionskräfte:

$F_{2y} = F_{2'} \cdot \sin\beta$ und $F_{2x} = F_{2'} \cdot \cos\beta$

$\sum M_A = F_1 \cdot l_1 + F_{2y} \cdot (l_1 + l_2) - F_B \cdot (l_1 + l_2 + l_3) = 0$

$\rightarrow$ $F_B = F_1 \cdot l_1 + F_{2y} \cdot (l_1 + l_2) / (l_1 + l_2 + l_3)$

$\sum F_y = F_{Ay} - F_1 - F_{2y} + F_B = 0$

$\rightarrow$ $F_{Ay} = F_1 + F_{2y} - F_B$

$\sum F_X = - F_{2x} + F_{Ax} = 0$

$\rightarrow$ $F_{Ax} = F_{2x}$

Biegemoment an der Stelle des Kraftangriffes F_1:

$M_{BF1} = F_{AY} \cdot l_1$ oder $M_{BF1} = F_{2y} \cdot l_2 - F_B \cdot (l_2 + l_3)$

Biegemoment an der Stelle des Kraftangriffes F_2:

$M_{BF2} = - F_B \cdot l_3$ oder $M_{BF2} = - F_1 \cdot l_2 + F_{Ay} \cdot (l_2 + l_1)$

Da wir zwei Kraftangriffspunkte haben, müssen wir das Biegemoment für beide Kraftangriffspunkte ermitteln, um dann zu entscheiden, welches der beiden den größeren Wert hat.
Wir ermitteln auf diesem Wege also das Maximum der vorhandenen Biegemomente, da diese Maximalbelastung für die Festigkeitsberechnung des Bauteiles entscheidend ist.

– **Beispiel 2** –

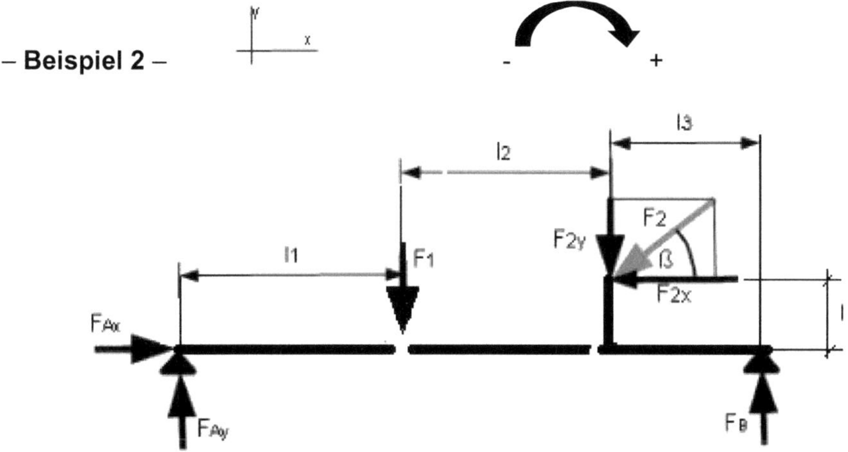

Platz für Ihre persönlichen Erweiterungen

Berechnen der Reaktionskräfte:

$F_{2y} = F_{2'} \cdot \sin\beta$ und $F_{2x} = F_{2'} \cdot \cos\beta$

$\sum M_A = F_1 \cdot l_1 + F_{2y} \cdot (l_1 + l_2) - F_{2x} \cdot l - F_B \cdot (l_1 + l_2 + l_3) = 0$

$\rightarrow$ $F_B = F_1 \cdot l_1 + F_{2y} \cdot (l_1 + l_2) - F_{2x} \cdot l \,/\, (l_1 + l_2 + l_3)$

$\sum F_y = F_{Ay} - F_1 - F_{2y} + F_B = 0$

$\rightarrow$ $F_{Ay} = F_1 + F_{2y} - F_B$

$\sum F_X = - F_{2x} + F_{Ax} = 0$

$\rightarrow$ $F_{Ax} = F_{2x}$

Biegemoment an der Stelle des Kraftangriffes F_1:

$M_{BF1} = F_{AY} \cdot l_1$ oder $M_{BF1} = F_{2y} \cdot l_2 - F_{2x} \cdot l - F_B \cdot (l_2 + l_{3)}$

Biegemoment an der Stelle des Kraftangriffes F_2:

$M_{BF2} = - F_B \cdot l_3$ oder $M_{BF2} = - F_1 \cdot l_2 + F_{Ay} \cdot (l_2 + l_{1)}$

3.1.1 Biegemoment bei Streckenlast

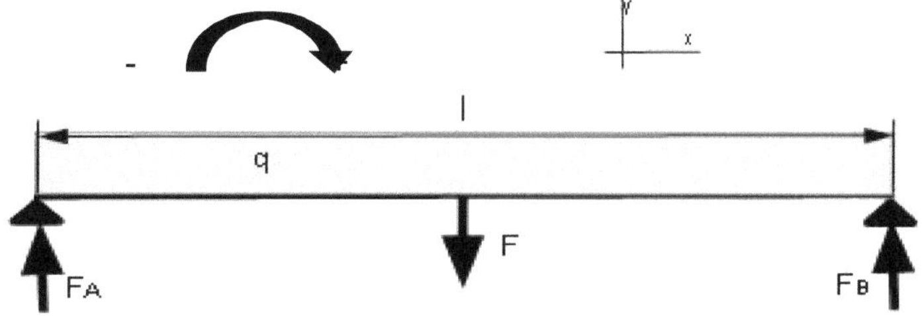

Das Maximum des Biegemomentes ($M_{B\,max}$) ist mittig am Kraftangriffspunkt von F. Freischneiden am Punkt F und schauen nach links hat zur Folge:

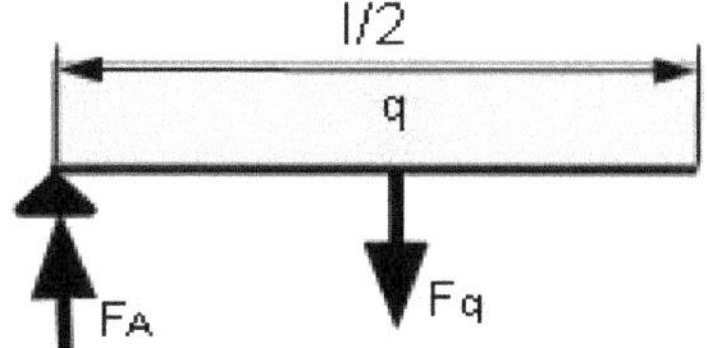

Platz für Ihre persönlichen Erweiterungen

$F = q \cdot l$

$\sum M_A = F \cdot l_l/2 - F_B \cdot l$

→ $F_B = F \cdot l_l/2 / l = F / 2 = F_A$

$M_B = F_A \cdot l/2 - F_q \cdot l/4 = (q \cdot l)/2 \cdot l/2 - (q \cdot l)/2 \cdot l/4 =$
$q \cdot l^2/4 - q \cdot l^2/8 = 2 \cdot q \cdot l^2/8 - q \cdot l^2/8$

→ $M_{B\,max.} = q \cdot l^2 / 8$

3.1.2 Biegemoment bei Streckenlast und Einzellast

Analog 3.1.1 gilt die Berechnung auch für Streckenlast(en) mit Einzellast(en). Sie wissen, dass an einem der beiden Kraftangriffspunkte das Maximum des Biegemomentes vorliegt.

Das hat zur Folge, dass das Biegemoment für beide Kraftangriffspunkte berechnet werden muss, um festzustellen, an welchem der beiden Kraftangriffspunkte das Maximum des Biegemomentes vorliegt.

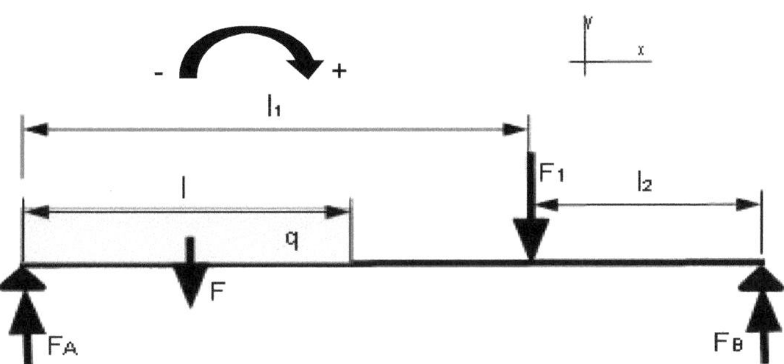

Berechnen der Reaktionskräfte:

$F = q \cdot l$

und $\sum M_A = F \cdot l/2 + F_1 \cdot l_1 - F_B \cdot (l_1 + l_2) = 0$

→ $F_B = (F \cdot l/2 + F_1 \cdot l_1) / (l_1 + l_2)$

und $\sum F_y = F_A - F - F_1 + F_B = 0$

→ $F_A = F + F_1 - F_B$

Biegemoment an der Stelle F_1:

$M_{BF1} = - F_B \cdot l_2$

oder $M_{BF1} = -F \cdot (l_1 - l/2) + F_A \cdot l_1$ – Beträge sind gleich – Vorzeichen verschieden!

Platz für Ihre persönlichen Erweiterungen

Biegemoment an der Stelle F:

$M_{BF} = F_A \cdot l/2$

oder $M_{BF} = F_1 \cdot (l_1 - l/2) - F_B \cdot (l_1 + l_2 - l/2)$ – Beträge sind gleich – Vorzeichen verschieden!

3.2 Biegemoment im Raum (in x und y Ebene)

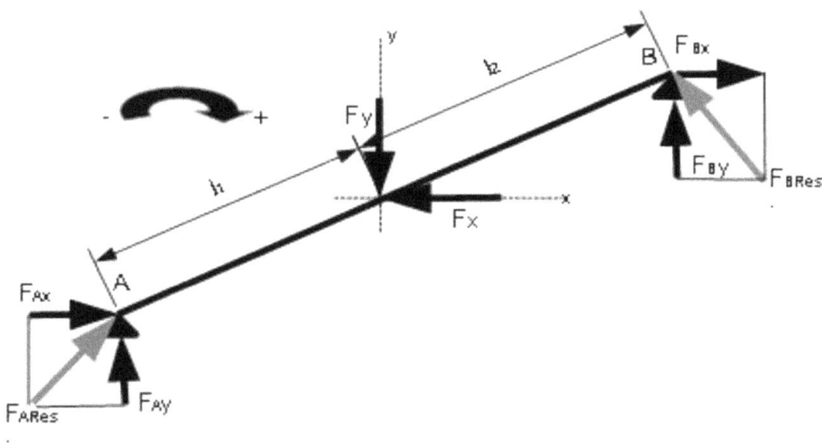

Wie aus Berechnung des Biegemomentes in der Ebene bereits bekannt, brauchen wir zur Berechnung eines Biegemomentes mindestens die Reaktionskräfte in einem der Lagerpunkte A oder B.

Da wir hier Kräfte in beiden Ebenen vorfinden, müssen wir auch Biegemomente in zwei Ebenen ermitteln. Aus beiden Biegemomenten bilden wir ein resultierendes Biegemoment.

Alternativ können wir das resultierende Biegemoment aus den resultierenden Lagerkräften ermitteln.

Wir beginnen mit der Summe aller Momente um Punkt A. Wie bereits bekannt, können Sie gleichermaßen mit der Summe aller Momente um Punkt B beginnen.

Die Ergebnisse beider Ansätze sind bekanntermaßen identisch, bis auf die unterschiedlichen Vorzeichen der Ergebnisse.

$\sum M_{AX} = - F_x \cdot l_1 + F_{Bx} \cdot (l_1 + l_2) = 0$

$\rightarrow F_{BX} = F_X \cdot l_1 / (l_1 + l_2)$

$\sum F_X = F_{AX} - F_X + F_{BX} = 0$

$\rightarrow F_{AX} = F_X - F_{BX}$

Platz für Ihre persönlichen Erweiterungen

$\sum M_{AY} = F_Y \cdot l_1 - F_{BY} \cdot (l_1 + l_2) = 0$

$\rightarrow F_{BY} = F_Y \cdot l_1 / (l_1 + l_2)$

$\sum F_Y = F_{AY} - F_Y + F_{BY} = 0$

$\rightarrow F_{AY} = F_Y - F_{BY}$

$\rightarrow F_{ARes} = \sqrt{F_{AX}^2 + F_{AY}^2}$ und $F_{BRes} = \sqrt{F_{BX}^2 + F_{BY}^2}$

Ermittlung des resultierenden Biegemomentes aus den resultierenden Lagerkräften:

$M_{BRes} = F_{Ares} \cdot l_1$ oder $M_{BRes} = - F_{Bres} \cdot l_2$ – Betrag gleich – Vorzeichen verschieden –

Ermittlung des resultierenden Biegemomentes aus beiden Biegemomenten, den Biegemomenten in der x- und y-Ebene:

$M_{BX} = - F_{AX} \cdot l_1$ oder $M_{BX} = F_{BX} \cdot l_2$ – Betrag gleich – Vorzeichen verschieden –

$M_{BY} = F_{AY} \cdot l_1$ oder $M_{BY} = - F_{BY} \cdot l_2$ – Betrag gleich – Vorzeichen verschieden –

$\rightarrow M_{BRes} = \sqrt{M_{BX}^2 + M_{BY}^2}$

Beachten Sie:

Bilden Sie niemals eine Resultierende aus den Aktionskräften – hier F_Y und F_X – zur Berechnung des resultierenden Biegemomentes.

Das führt nur in einem **einzigen Ausnahmefall** zum richtigen Ergebnis!

Platz für Ihre persönlichen Erweiterungen

3.3 Querkraft- und Momentenfläche

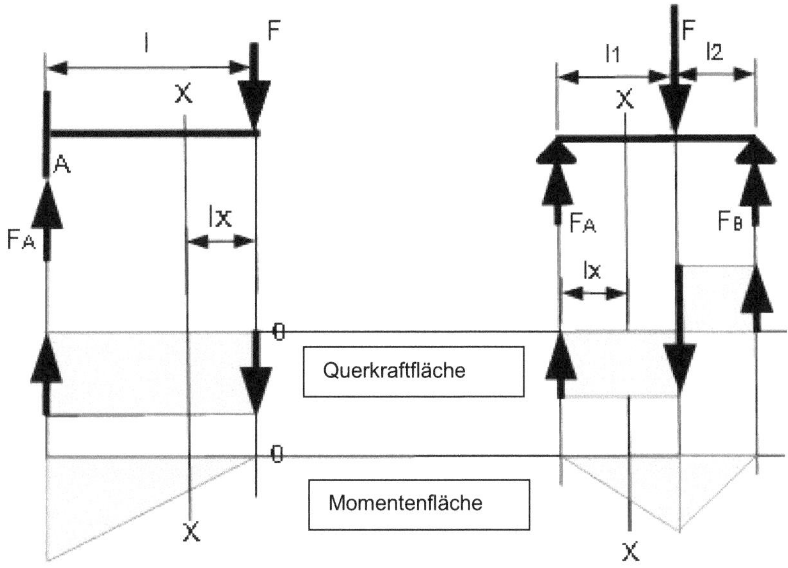

Als **Querkräfte** bezeichnen wir Kräfte, die rechtwinklig zur Normalen wirken. Im gezeigten Bild oben sind das die Kräfte in y-Richtung.
Im linken gezeigten Bild sind die Querkräfte F und F_A in der Querkraftfläche maßstäblich aufgetragen. Darunter ist in der Momentenfläche das entsprechende Biegemoment aufgetragen.

Im rechten gezeigten Bild sind die Querkräfte F, F_A und F_B in der Querkraftfläche maßstäblich aufgetragen. Darunter ist in der Momentenfläche das entsprechende Biegemoment aufgetragen.

Das maximale Biegemoment errechnen Sie im linken Bild mit $F \cdot l$ oder mit $F \cdot l_{x.}$ an einer beliebigen Stelle x.
Das maximale Biegemoment errechnen Sie im rechten Bild mit $F_A \cdot l_1$ oder mit $F_A \cdot l_{x.}$ an einer beliebigen Stelle x.

Wenn Sie nun, wie oben gezeigt, die Kräfte und Momente maßstäblich aufzeichnen in Form einer Querkraft- und einer Momentenfläche, können Sie an jeder beliebigen Stelle x die Querkraft und das dazugehörige Moment direkt aus den Flächen ablesen.

Weiterhin können Sie erkennen, dass an der Stelle eines **Nulldurchganges** oder an einer **Nullstelle** einer Querkraft **immer** das **Maximum eines Momentes** auftritt. Dies ist sichtlich erkennbar in den zugehörigen Momentenflächen.

Im linken Bild ist dies der Fall an F_A (Nullstelle) und im rechten Bild an der Stelle von F (Nulldurchgang) der Fall.

3.4 Durchbiegung

Eine biegende Kraft und/oder eine Streckenlast und ein daraus resultierendes Biegemoment hat immer eine Durchbiegung zur Folge.

Platz für Ihre persönlichen Erweiterungen

Die wichtigsten Gleichungen der Durchbiegung und des in den Lagerpunkten entstehenden Winkels (Winkel α im Lagerpunkt in $[rad]$) finden Sie nachstehend.

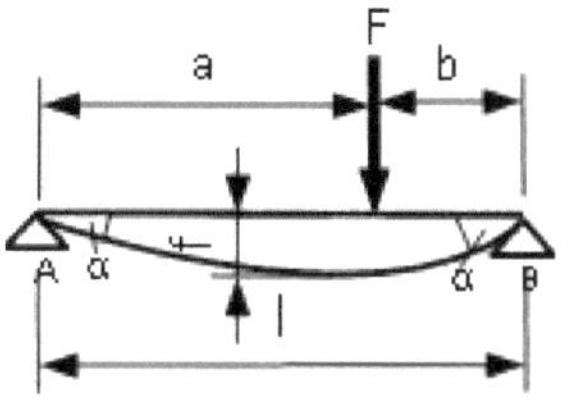 a, F, b, f, α, A, B, l	$f = \frac{F \cdot a^2 \cdot b^2}{3 \cdot E \cdot I_x \cdot l}$	$\alpha_A = \frac{F \cdot a \cdot b \cdot (l+b)}{6 \cdot E \cdot I_x \cdot l}$ $\alpha_B = \frac{F \cdot a \cdot b \cdot (l+a)}{6 \cdot E \cdot I_x \cdot l}$
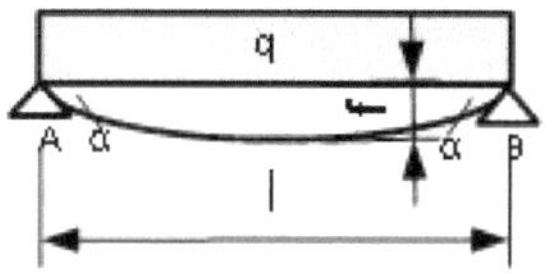 q, f, α, A, B, l	$f = \frac{5 \cdot q \cdot l^4}{384 \cdot E \cdot I_x}$	$\alpha_A = \alpha_B = \frac{q \cdot l^3}{24 \cdot E \cdot I_x}$
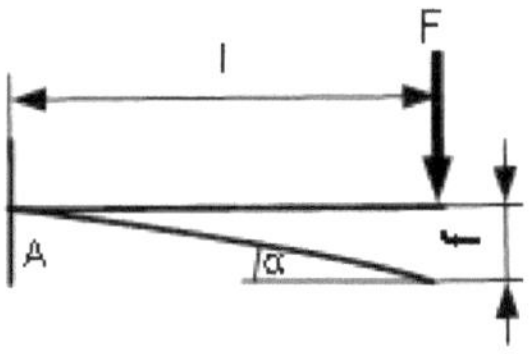 l, F, f, α, A	$f = \frac{F \cdot l^3}{3 \cdot E \cdot I_x}$	$\alpha = \frac{F \cdot l^2}{2 \cdot E \cdot I_x}$
F, f, α, A, B, l, a, f1 q, f, α, A, B, l, a, f1	$f = \frac{F \cdot l^2 \cdot a}{15{,}588 \cdot E \cdot I_x}$ $f_1 = \frac{F \cdot a^2 \cdot (l+a)}{3 \cdot E \cdot I_x}$ $f = \frac{q \cdot l^2 \cdot a^2}{31{,}176 \cdot E \cdot I_x}$ $f_1 = \frac{q \cdot a^3 \cdot (4\,l+3\,a)}{24 \cdot E \cdot I_x}$	$\alpha_A = \frac{F \cdot a \cdot l}{6 \cdot E \cdot I_x}$ $\alpha_B = \frac{F \cdot a \cdot l}{6 \cdot E \cdot I_x}$ $\alpha_A = \frac{q \cdot a^2 \cdot l}{12 \cdot E \cdot I_x}$ $\alpha_B = \frac{q \cdot a^2 \cdot l}{6 \cdot E \cdot I_x}$

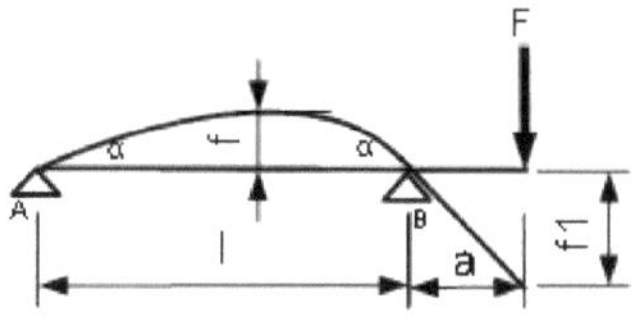

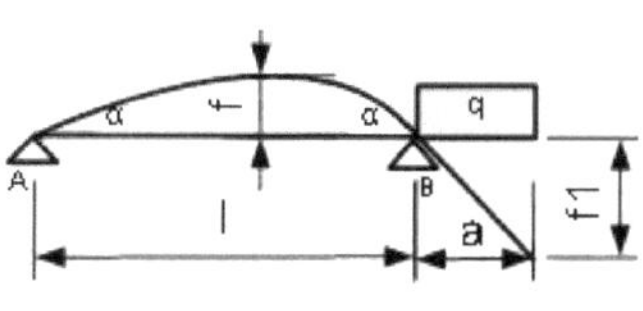

f = Max. Durchbiegung $[mm]$ f_1 = Max. Durchbiegung $[mm]$ F = Kraft $[N]$ E = Elastizitätsmodul $\left[\frac{N}{mm^2}\right]$	I_x = Flächenmoment 2.ten Grades $[mm^4]$ a,b,l = Längen $[mm]$ q = Streckenlast $[N/mm]$ – In den Lieferlisten der Profilhersteller in kg/m angegeben!

4. Flächenschwerpunkt

Die Definition und Berechnung von Flächenschwerpunkten beruht wiederum auf dem Momentensatz. Das Kraftmoment = F · l (Kraft · Hebelarm) ist Ihnen geläufig.

Wir ersetzen nun das Kraftmoment durch ein Flächenmoment = A · l (Fläche · Hebelarm), das Flächenmoment 1.ten Grades.

Bei symmetrischen Körpern ergibt sich die Lage des jeweiligen Flächenschwerpunktes aus der Logik von selbst. Der Schwerpunkt wird bei rechteckigen Flächen immer in der Mitte der Fläche liegen. Das ist z. B. auch bei kreisrunden, gleichschenkligen Dreiecksflächen und bei elliptischen Flächen der Fall.

Deshalb gehe ich hier nur auf die Berechnung von Flächenschwerpunkten bei zusammengesetzten Flächen ein.
Mit Anwendung des Momentensatzes führt das zu folgenden Gleichungen:

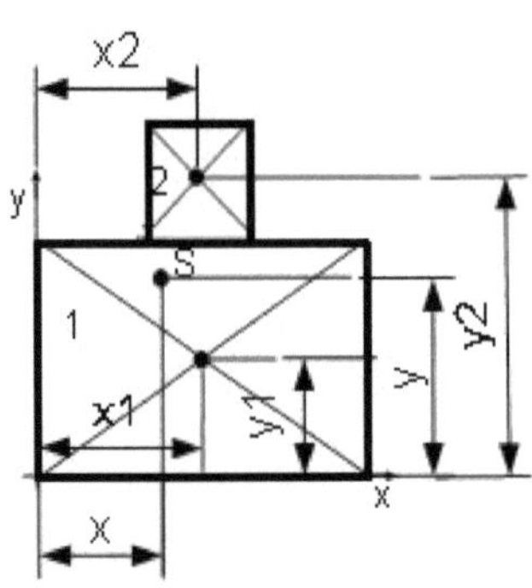

$$A_1 \cdot x_1 + A_2 \cdot x_2 = (A_1 + A_2) \cdot x$$

$$\rightarrow \quad x = \frac{A_1 \cdot x_1 + A_2 \cdot x_2}{A_1 + A_2}$$

$$A_1 \cdot y_1 + A_2 \cdot y_2 = (A_1 + A_2) \cdot y$$

$$\rightarrow \quad y = \frac{A_1 \cdot y_1 + A_2 \cdot y_2}{A_1 + A_2}$$

A_1 = Fläche 1
A_2 = Fläche 2
S = Flächenschwerpunkt der Gesamtfläche

Durch den Punkt S verlaufen die Schwerpunktlinien in x- und y-Richtung in der Flächenebene

x_1 = Schwerpunktsabstand Fläche 1 in x-Ebene
x_2 = Schwerpunktsabstand Fläche 2 in x-Ebene
x = Schwerpunktsabstand Gesamtfläche in x-Ebene

y_1 = Schwerpunktsabstand Fläche 1 in y-Ebene
y_2 = Schwerpunktsabstand Fläche 2 in y-Ebene
y = Schwerpunktsabstand Gesamtfläche in y-Ebene

4.1 Flächenmoment 1.ten und 2.ten Grades – Axiales Flächenmoment

Das axiale Flächenmoment benötigen wir in der Festigkeitslehre zur Berechnung der bei Biegung eines Bauteiles auftretenden Biegespannungen. Deshalb wird es auch Flächenmoment gegen Biegung genannt.

Analog zum Kraftmoment M = F·l schaffen wir uns mit dem Flächenmoment 1.ten Grades J = A·l (s. Kap.4) eine Möglichkeit zur Berechnung der neutralen Faser, auch Schwerpunktlinie oder Schwerelinie genannt.

Das **Hook'sche Gesetz** $\sigma = E \cdot \varepsilon$ (s. Festigkeitslehre Kap.1) zeigt, dass an einer Stelle an der die Dehnung = 0 ist auch die Spannung = 0 sein muss.

Auch das Flächenmoment 2.ten Grades ist in der Festigkeitslehre zur Ermittlung von Bauteilspannungen unerlässlich.

In der Folge gehe ich auf die Berechnung der Lage der Schwerpunktlinie als auch des Flächenmomentes 2.ten Grades ein.

Platz für Ihre persönlichen Erweiterungen

Sie wissen, dass ein Bauteil durch Biegung belastet, in der neutralen Faser (der Schwerpunktlinie) keine Längenänderung erfährt.

Die **Dehnung** ε kennen Sie als $\varepsilon = \Delta l / l_0$. D. h., wo keine Längenänderung vorhanden ist, gibt es keine Dehnung und somit tritt hier auch keine Spannung auf.

(Definition der Spannungen s. Kapitel Festigkeitslehre) Damit steht fest, dass die Lage der Schwerpunktlinie in der später behandelten Festigkeitslehre eine elementare Bedeutung haben wird.

In einem symmetrischen Bauteil (Kreisquerschnitt, Doppel T-Träger u. ä.) liegt der Flächenschwerpunkt in der Mitte der Fläche und damit auch die Schwerpunktlinie.

In unsymmetrischen Bauteilen wird das nicht der Fall sein. Hier werden wir also die Lage des Schwerpunktes und somit die Lage der Schwerpunktlinie bestimmen müssen.

(s. Kap. 4, Ermittlung des Flächenschwerpunktes)

Grundsätzlich gilt, dass Flächenmomente addierbar (subtrahierbar) sind.

Dies ist auf direktem Wege möglich, solange die Schwerpunktlinien (Schwerelinien) der Einzelprofile auf gleicher Höhe liegen (sich decken).

Wenn sich die Schwerelinie der Gesamtfläche nicht mit den Schwerelinien der Einzelflächen deckt, müssen wir in der Addition (oder auch der Subtraktion) das Verfahren ändern.

Hier ist die Addition (die Subtraktion) der einzelnen Flächenmomente nur mithilfe des Satzes von Steiner möglich.

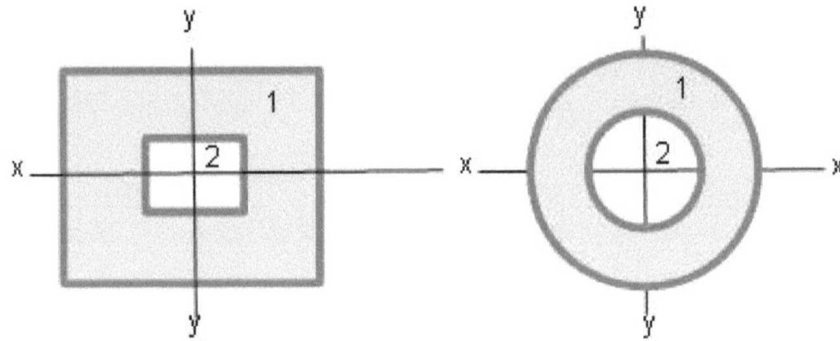

Die Gesamtfläche hat einen Schwerpunkt. Durch diesen Schwerpunkt der Gesamtfläche geht die Schwerpunktlinie der Gesamtfläche. (x-x)

Hier stellen wir fest, dass sich die Schwerpunktlinien der Flächen 1 und 2 mit der Schwerpunktlinie der Gesamtfläche decken.

→ $J_{X\,ges.} = J_{X1} - J_{X2}$

Die Gesamtfläche hat einen Schwerpunkt. Durch diesen Schwerpunkt der Gesamtfläche geht die Schwerpunktlinie der Gesamtfläche. (x-x)

Hier stellen wir fest, dass sich die Schwerpunktlinien der Flächen 1 und 2 mit der Schwerpunktlinie der Gesamtfläche decken.

→ $J_{X\,ges.} = J_{X1} - J_{X2}$

Platz für Ihre persönlichen Erweiterungen

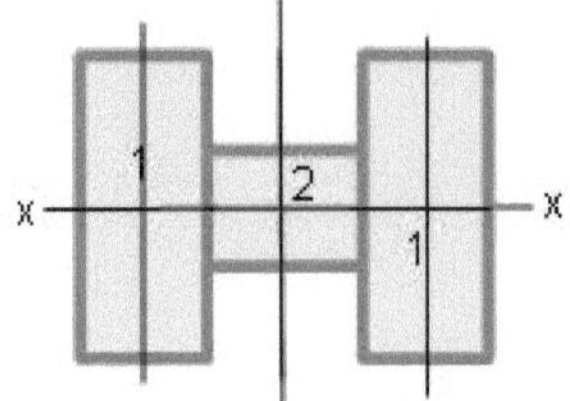

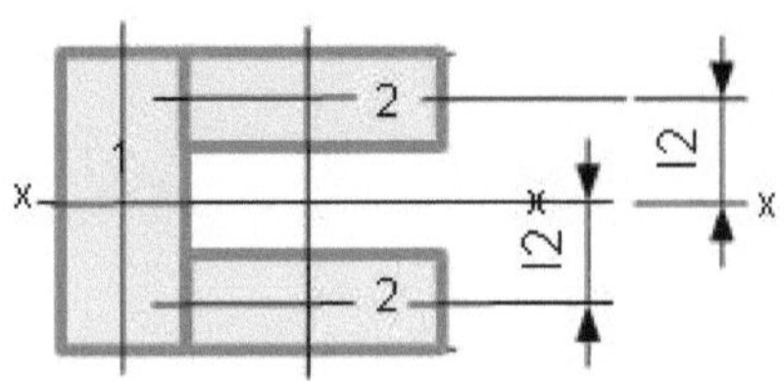

Die Gesamtfläche hat einen Schwerpunkt. Durch diesen Schwerpunkt der Gesamtfläche geht die Schwerpunktlinie der Gesamtfläche. (x-x)

Hier stellen wir fest, dass sich die Schwerpunktlinien der Flächen 1 und 2 mit der Schwerpunktlinie der Gesamtfläche decken.

→ $J_{X\,ges.} = J_{X1} + J_{X2} + J_{X1}$

J = Flächenmoment

A = Fläche

l = Schwerpunktabstand

Die Gesamtfläche hat einen Schwerpunkt. Durch diesen Schwerpunkt der Gesamtfläche geht die Schwerpunktlinie der Gesamtfläche. (x-x)

Hier stellen wir fest, dass sich die Schwerpunktlinie der Fläche 1 mit der Schwerpunktlinie der Gesamtfläche deckt.

Die Schwerpunktlinien der Flächen 2 decken sich **nicht** mit der Schwerpunktlinie der Gesamtfläche. Wir haben hier einen Schwerpunktsabstand l_2 zur Schwerpunktlinie der Gesamtfläche.

→ $J_{X\,ges.} = J_{X1} + J_{X2} + A_2 \cdot l_2^2 + J_{X2} + A_2 \cdot l_2^2$

i = Beliebige Anzahl Flächen/Schwerpunktabstd.

Allgemein: $J_X = J_{Xi} + A_i \cdot l_i^2$ = **Satz von Steiner**

Die obigen Gleichungsbeispiele sind geschrieben für das axiale Flächenmoment in der x-Ebene.

Für die y-Ebene gilt das Gesagte analog.

4.1.1 Flächenmoment 1.ten Grades – Berechnung der Lage der Schwerelinie Flächenmoment 2.ten Grades – Berechnung Zusammenfassung

Bei der Berechnung der Lage der Schwerelinie gehen wir grundsätzlich von einer 0-Linie aus. Diese legen wir sinnvollerweise in eine der Randfasern des Bauteilprofiles.

Wir teilen das zu berechnende Profil in beliebig viele Einzelprofile auf, sinnvollerweise in Einzelprofile, deren Gleichung des Flächenmomentes (2.ten Grades) bekannt ist.

Jede Einzelfläche, in die wir das Gesamtprofil aufgeteilt haben, hat ihren eigenen Flächenschwerpunkt.

Als **Schwerpunktabstand** l_i bezeichnen wir den Abstand zwischen der 0-Linie und dem Schwerpunkt der jeweiligen Einzelfläche.
Den Abstand der Schwerpunktlinie der Gesamtfläche zur 0-Linie belegen wir mit dem Buchstaben x.

Platz für Ihre persönlichen Erweiterungen

Flächenmoment 1.ten Grades:

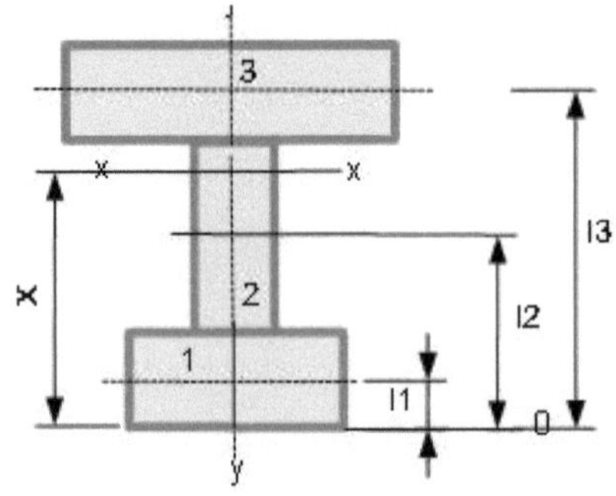

$x = \sum A_i \cdot l_i / A_{ges.} \rightarrow$

$x = (A_1 \cdot l_1 + A_2 \cdot l_2 + A_3 \cdot l_3) / (A_1 + A_2 + A_3)$

Damit ist der Abstand x der Schwerelinie der Gesamtfläche zur 0-Linie bestimmt. (Anwendung des Flächenmomentes 1.ten Grades)

Damit werden wir das Flächenmoment 2.ten Grades ermitteln.

Flächenmoment 2.ten Grades:

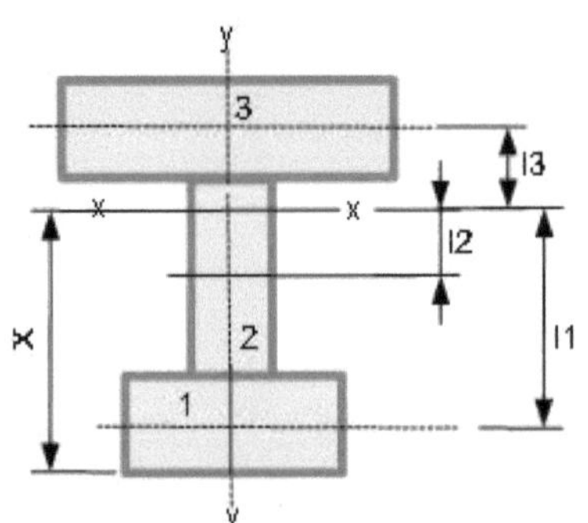

Wir stellen fest, dass sich die Schwerelinien keiner der Einzelflächen mit der Schwerelinie der Gesamtfläche deckt.

Zwischen der Schwerelinie der Gesamtfläche und den Schwerelinien der Einzelflächen stellen wir einen neuen Schwerpunktabstand l_i fest.

Das hat die Anwendung des **Satzes von Steiner** zur Folge:

$$J_{X\,ges.} = J_{X1} + A_1 \cdot l_1^2 + J_{X2} + A_2 \cdot l_2^2 + J_{X3} + A_3 \cdot l_3^2$$

Die grundlegende Definition eines Flächenmomentes 2.ten Grades für eine beliebige Profilfläche ist folgende:
Wir teilen eine beliebige Fläche in unendlich viele und damit unendlich kleine Flächenteilchen.

Dann hat jedes dieser unendlich kleinen Flächenteilchen einen Flächenschwerpunkt und einen Schwerpunktabstand zum Schwerpunkt der Gesamtfläche. Die Addition aller Flächenteilchen ergibt die untenstehende Summengleichung.

Denn, da verständlicherweise sich keine Schwerelinie eines Flächenteilchens mit der Schwerelinie der Gesamtfläche deckt, ist die Addition nur mithilfe des **Satzes von Steiner** möglich.

Das ergibt: $J = \sum_1^i A_i \cdot l_i^2$ für ein beliebiges Profil

Diese Summe ist nur mithilfe der Integralrechnung zu lösen und führt für jeden Profilquerschnitt zu einer eigenen Gleichung.

Flächenmomente 2.ten Grades und **axiale Widerstandsmomente** (s. Kap. 4.2) für häufig vorkommende Profile finden Sie auf der nächsten Seite.

Platz für Ihre persönlichen Erweiterungen

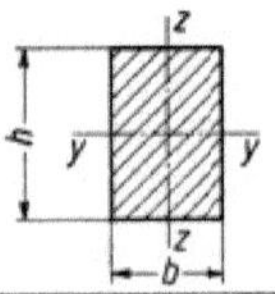

$$I_y = \frac{bh^3}{12} \qquad I_z = \frac{hb^3}{12} \qquad W_y = \frac{bh^2}{6} \qquad W_z = \frac{hb^2}{6}$$

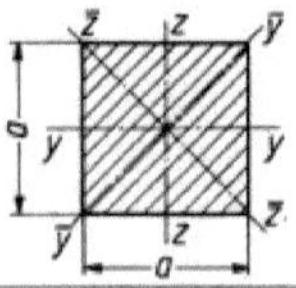

$$I_y = I_z = \frac{a^4}{12} \qquad W_y = W_z = \frac{a^3}{6} \qquad I_{\bar{y}} = I_{\bar{z}} = \frac{a^4}{12} \qquad W_{\bar{y}} = W_{\bar{z}} = \frac{\sqrt{2}}{12}\,a^3 = 0{,}118\,a^3$$

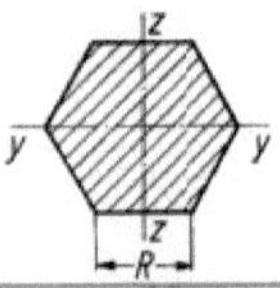

$$I_y = I_z = \frac{5\sqrt{3}}{16}\,R^4 = 0{,}5413\,R^4 \qquad W_y = \frac{5}{8}\,R^3 = 0{,}625\,R^3 \qquad W_z = \frac{5\sqrt{3}}{16}\,R^3 = 0{,}5413\,R^3$$

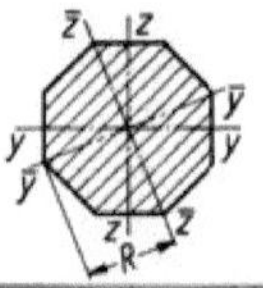

$$I_y = I_z = (1+2\sqrt{2})\,\frac{R^4}{6} = 0{,}638\,R^4 \qquad W_y = W_z = 0{,}6906\,R^3 \qquad I_{\bar{y}} = I_{\bar{z}} = (1+2\sqrt{2})\,\frac{R^4}{6} = 0{,}638\,R^4 \qquad W_{\bar{y}} = W_{\bar{z}} = 0{,}638\,R^3$$

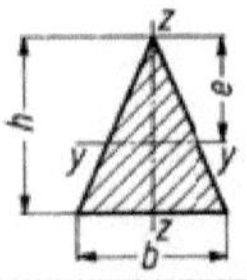

$$I_y = \frac{bh^3}{36} \qquad I_z = \frac{hb^3}{48} \qquad W_y = \frac{bh^2}{24} \text{ für } e = \frac{2}{3}h \qquad W_z = \frac{hb^2}{24}$$

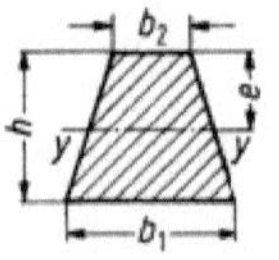

$$I_y = \frac{h^3}{36}\,\frac{b_1^2+4b_1b_2+b_2^2}{b_1+b_2} \qquad W_y = \frac{h^2}{12}\,\frac{b_1^2+4b_1b_2+b_2^2}{2b_1+b_2} \qquad \text{für } e = \frac{h}{3}\,\frac{2b_1+b_2}{b_1+b_2}$$

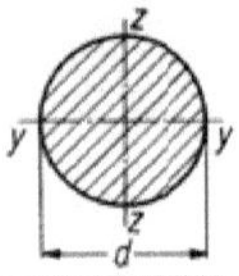

$$I_y = I_z = \frac{\pi d^4}{64} \qquad W_y = W_z = \frac{\pi d^3}{32}$$

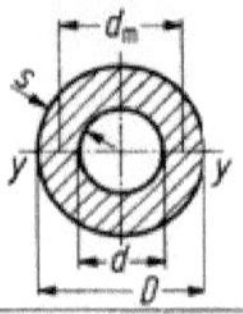

$$I_y = I_z = \frac{\pi\,(D^4-d^4)}{64} \qquad W_y = W_z = \frac{\pi\,(D^4-d^4)}{32D}$$

bei geringer Wanddicke $\left(\frac{s}{d_m}\right)^2 \ll 1$:

$$I_y = I_z = \frac{\pi d_m^3 s}{8}, \quad W_y = W_z = \frac{\pi d_m^2 s}{4}$$

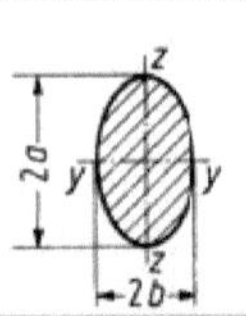

$$I_y = \frac{\pi a^3 b}{4} \qquad I_z = \frac{\pi b^3 a}{4} \qquad W_y = \frac{\pi a^2 b}{4} \qquad W_z = \frac{\pi b^2 a}{4}$$

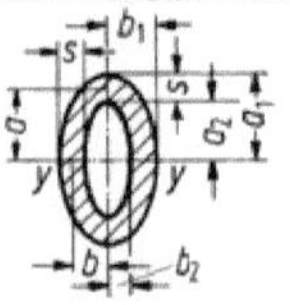

$$I_y = \frac{\pi}{4}\,(a_1^3 b_1 - a_2^3 b_2) \qquad W_y = \frac{\pi\,(a_1^3 b_1 - a_2^3 b_2)}{4a_1}$$

bei geringer Wanddicke:

$$I_y = \frac{\pi a^2(a+3b)s}{4}, \quad W_y = \frac{\pi a(a+3b)s}{4}$$

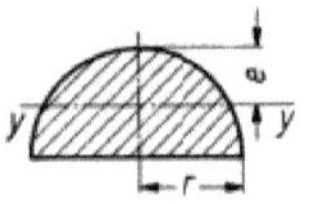

$$I_y = \left(\frac{\pi}{8} - \frac{8}{9\pi}\right) r^4 = 0{,}1098\,r^4 \qquad W_y = I_y/e = 0{,}1908\,r^3 \qquad \text{für } e = \left(1 - \frac{4}{3\pi}\right) r = 0{,}5756\,r$$

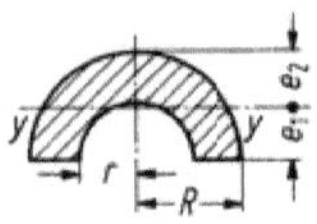

$$I_y = 0{,}1098(R^4-r^4) - 0{,}283\,R^2r^2\,\frac{R-r}{R+r} \qquad W_{y1,2} = I_y/e_{1,2}$$

$$\text{für } e_1 = \frac{4}{3\pi}\,\frac{R^2+Rr+r^2}{R+r} \quad \text{bzw. } e_2 = R - e_1$$

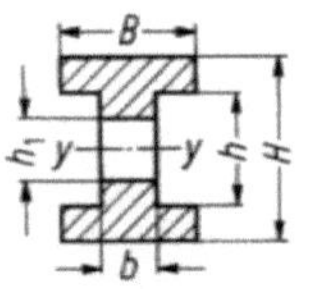

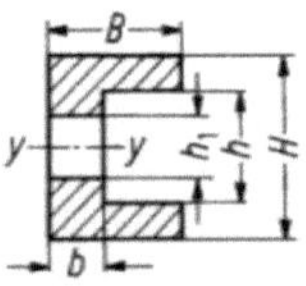

$$I_y = \frac{B(H^3-h^3)+b(h^3-h_1^3)}{12} \qquad W_y = \frac{B(H^3-h^3)+b(h^3-h_1^3)}{6H}$$

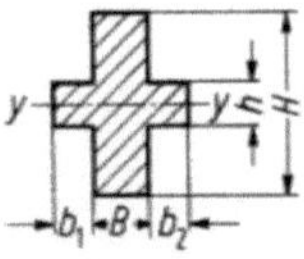

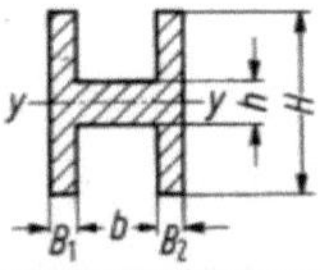

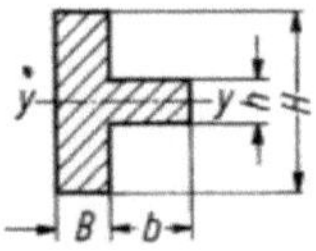

$$I_y = \frac{BH^3+bh^3}{12} \qquad W_y = \frac{BH^3+bh^3}{6H}$$

mit $B = B_1 + B_2$, $b = b_1 + b_2$

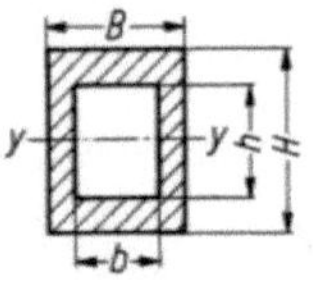

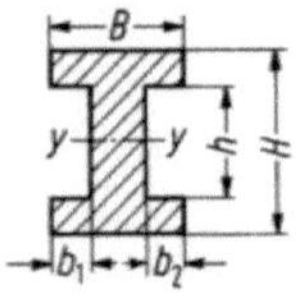

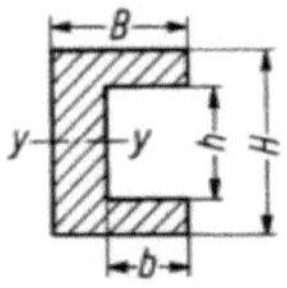

$$I_y = \frac{BH^3-bh^3}{12} \qquad W_y = \frac{BH^3-bh^3}{6H}$$

mit $b = b_1 + b_2$

Platz für Ihre persönlichen Erweiterungen

4.2 Widerstandsmoment

4.2.1 Axiales Widerstandsmoment W_b

Bei der Berechnung von Zug- und Druckspannungen beziehen wir die Kraft, die Zug oder Druck ausübt, auf die gesamte Profilfläche des Bauteiles.
Wir gehen dabei davon aus, dass sich die Spannungen, einhergehend mit einer Dehnung des Bauteiles, über den gesamten Querschnitt **gleichmäßig** verteilen.

Bei der Biegung eines Bauteiles verteilen sich die Spannungen nicht gleichmäßig über den gesamten Querschnitt, sondern hier sind die Spannungen in der Schwerelinie = 0 und steigen zur Randfaser des Bauteiles auf ein Maximum an. Wir nennen das eine **lineare** Spannungsverteilung.

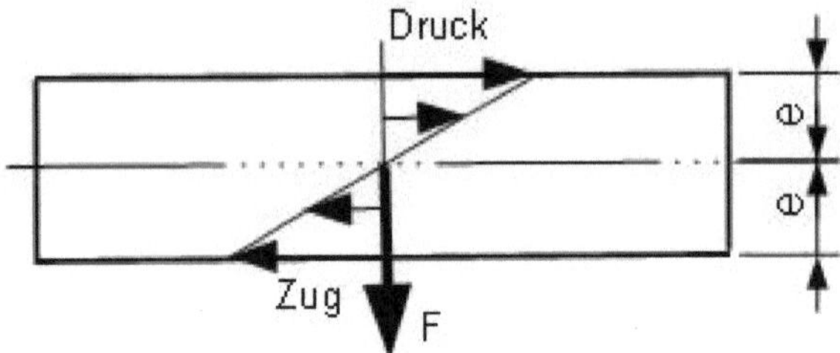

Die Randfaserspannungen sind also nur bei symmetrischen Profilen gleich groß, da nur hier die Schwerelinie in der Mitte des Profiles liegt.

Bei unsymmetrischen Profilen ist das nicht mehr der Fall, da sich die Schwerelinie des Profiles aus der Mitte verschiebt.
(Siehe Berechnung des Schwerpunktabstandes zur 0-Linie bei nicht symmetrischen Profilen – Flächenmoment 1.ten Grades)

Das hat wiederum zur Folge, dass der Abstand e (Randfaserabstand) zu den Randfasern des Bauteiles verschieden groß wird. Damit ändern sich die Größen der beiden Randfaserspannungen.

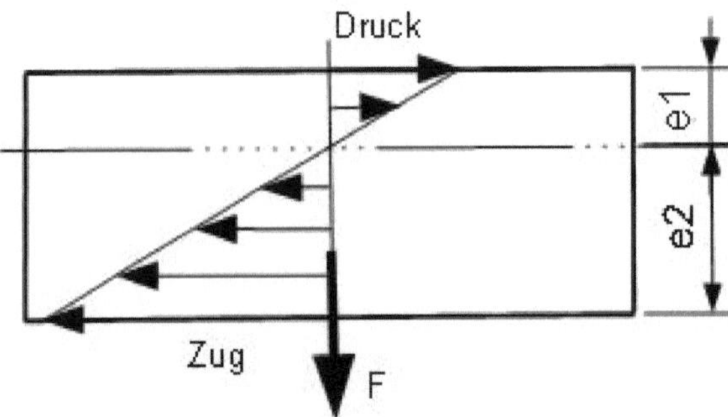

Das führt zur Definition des axialen Widerstandsmomentes, auch Widerstandsmoment gegen Biegung genannt:

$W_b = J / e$

W_b = Axiales Widerstandsmoment
J = Axiales Flächenmoment
e = Randfaserabstand

Das Bauteil wird bei Durchbiegung in der Schwerelinie (Neutrale Faser) keine Dehnung erfahren, → Spannung = 0.

Platz für Ihre persönlichen Erweiterungen

Je nach Biegebelastungsrichtung und der daraus resultierenden Durchbiegung wird in der einen Randfaser eine positive Dehnung eine Zugspannung zur Folge haben.

In der gegenüberliegenden Randfaser wird eine negative Dehnung (Stauchung) eine Druckspannung hervorrufen.

Erkennbar ist auch, dass also der größte Randfaserfaserabstand die größere Randfaserspannung bewertet.

Da bei der festigkeitsmäßigen Bewertung von Bauteilen die größte Randfaserspannung die Größe des Bauteiles bestimmen wird, schreiben wir die vorgenannte Gleichung für das axiale Widerstandsmoment auch in dieser Form:

$W_b = J / e_{max.}$

W_b = Axiales Widerstandsmoment
J = Axiales Flächenmoment
$e_{max.}$ = Größter Randfaserabstand

4.2.2 Polares Flächenmoment – Polares Widerstandsmoment W_T

Wird ein Bauteil durch ein Drehmoment M_T belastet, erzeugt dieses Drehmoment eine Torsion und damit eine Torsionsspannung.

Zur Berechnung dieser Spannung benötigen wir das polare Widerstandsmoment W_T.

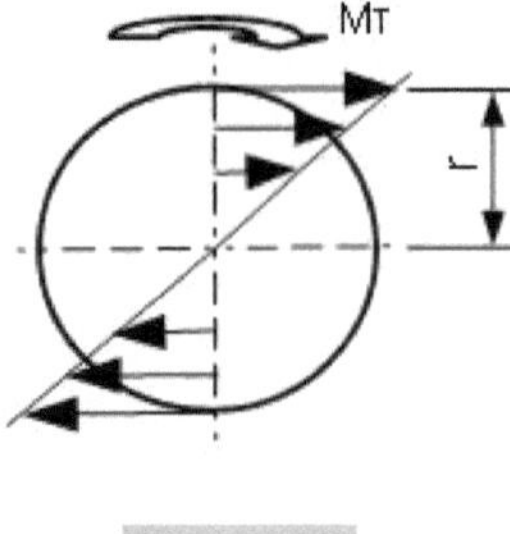

M_T = Drehmoment
r = Randfaserabstand

W_T = Polares Widerstandsmoment
J_P = Polares Flächenmoment

J_X = Axiales Flächenmoment in x-Ebene
J_Y = Axiales Flächenmoment in y-Ebene

$W_T = J_P / r$

$J_P = J_X + J_Y$

Diese Gleichungen für W_T und für J_P haben allerdings nur Gültigkeit für Kreis- und Kreisringquerschnitte.

Bei unsymmetrischen Profilen wie Winkel-, T-, Doppel-T-Profilen u. ä. ist die Torsionsspannung nicht mehr linear verteilt, wie in obigem Bild gezeigt.

Die Spannungsverteilung in solchen Profilen ist bedeutend komplexer und führt damit zu anderen Berechnungsgleichungen.

Platz für Ihre persönlichen Erweiterungen

Spannungsarten

Kräfte und/oder auch Momente erzeugen in Bauteilen sogenannte Spannungen. Die Festigkeitslehre unterscheidet grundsätzlich zwischen zwei Spannungsarten.

1. Normalspannungen (σ)

Die Richtungen der Normalspannungen sind parallel zur Normalen. Hierzu gehören die **Zugspannung, die Druckspannung und die Biegespannung.**

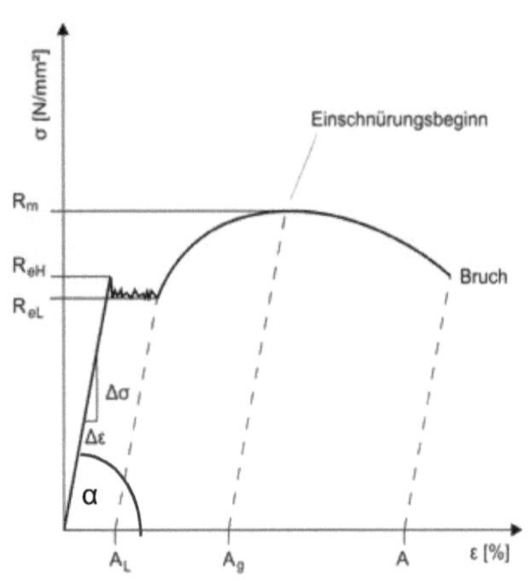

Die grundlegende Definition der Normalspannung ergibt sich aus dem Spannungs-Dehnungsdiagramm wie folgt:

$$\tan \alpha = \frac{\sigma}{\epsilon} = E = \text{Elastizitätsmodul}$$

oder $\sigma = E \cdot \epsilon$ (Hook'sches Gesetz)

wobei $\epsilon = \frac{\Delta l}{l_0}$

Zugspannung / Druckspannung

Biegespannung

2. Schubspannungen (τ)

Schubspannungen haben ihre Richtung rechtwinklig zur Normalen.
Hierzu gehören **die Scherspannung** und die **Torsionsspannung.**

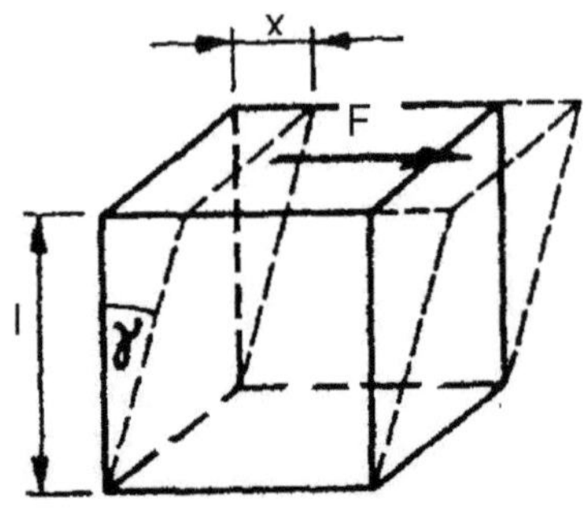

Die grundlegende Definition der Schubspannung ergibt sich aus dem nebenstehenden Bild wie folgt:

$$\tan \gamma = \sim \gamma = \frac{x}{l} = G = \text{Schubmodul}$$

d. h. analog zum Elastizitätsmodul:

$$\tau = \frac{\Delta x}{l} \cdot G = \gamma \cdot G$$

Scherspannung Torsionsspannung

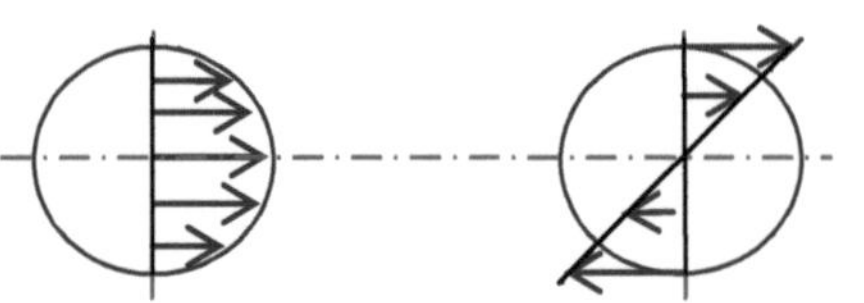

Gültig für Kreis- und Kreisringquerschnitt

Platz für Ihre persönlichen Erweiterungen

3. Definition der einzelnen Normalspannungen

Zugspannung

$$\sigma_z = \frac{F}{A} \leq \sigma_{z\,zul.}$$

Zugbeanspruchung

Druckbeanspruchung

Druckspannung

$$\sigma_D = \frac{F}{A} \leq \sigma_{D\,zul.}$$

Biegespannung

$$\sigma_b = \frac{M_b}{W_b} \leq \sigma_{b\,zul.}$$

Biegebeanspruchung

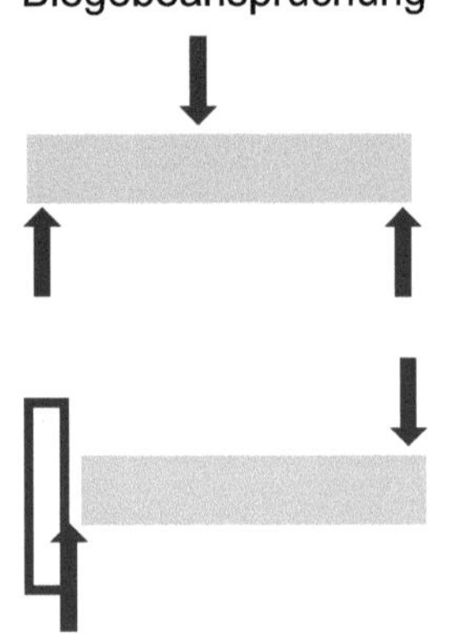

σ_z = Zugspg.
σ_D = Druckspg.
σ_b = Biegespg.

σ_{vorhd} = Vorhd. Normalspannung
$\sigma_{zul.TB}$ = Zulässige Normalspannung

$\tau_{vorhd.}$ = Vorhd. Schubspannung
$\tau_{zul.TB}$ = Zulässige Schubspannung

τ_T = Torsionsspg.
τ_S = Scherspg

F = Aktionskraft oder Reaktionskraft

A = Profilfläche des Bauteiles
A_S = Scherspannungsfläche
= Profilfläche des Bauteiles

M_b = Biegemoment
M_t = Drehmoment (Aktion)
M_t = Torsionsmoment (Reaktion)

W_b = Axiales Widerstandsmoment
W_t = Polares Widerstandsmoment

Torsionsbeanspruchung

3.1 Definition der einzelnen Schubspannungen

Torsionsspannung

$$\tau_T = \frac{M_t}{W_t} \leq \tau_{T\,zul.}$$

Scherspannung

$$\tau_S = \frac{F}{A_S} \leq \tau_{S\,zul.}$$

Scherbeanspruchung

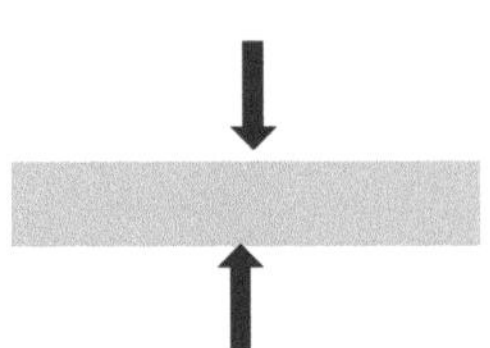

Platz für Ihre persönlichen Erweiterungen

D. h., dass jede dieser Spannungen, solange sie alleine auftritt, mit einer entsprechenden zulässigen Spannung verglichen wird.
Treten mehrere Normalspannungen gemeinsam auf (z. B. Zug- und Biegespannung), sind diese zu addieren.

Gleiches gilt für gemeinsam auftretende Schubspannungen. Auch diese sind dann zu addieren.

Für beide o.g. Fälle gilt, dass dann die addierten Spannungen mit einer zulässigen Spannung (zul. Normal- oder zul. Schubspannung) verglichen werden müssen. Damit das Bauteil hält, muss also eine der folgenden Bedingungen erfüllt sein:

$$\sigma_{vorhd.} \leq \sigma_{zul.TB} \quad \text{oder} \quad \tau_{vorhd.} \leq \tau_{zul.TB}$$

($\sigma_{zul.TB}$ und $\tau_{zul.TB}$ = Zulässige Tabellenwerte s. Kap. 8)

Das wiederum hat zur Folge, dass das Bauteil, wenn $\sigma_{vorhd.} = \sigma_{zul.}$ oder $\tau_{vorhd.} = \tau_{zul.}$ ist, bis an den zumutbaren Grenzwert der Spannung belastet wird. Das heißt wiederum, dass keine Sicherheit gegen ein mögliches Versagen (Bruch) des Bauteiles gegeben ist.

Somit führen wir hier den Begriff der Sicherheit ein, in Form einer Sicherheitszahl (S) oder auch Sicherheitsbeiwert genannt.

$$S = \sigma_{zul.TB} / \sigma_{vorhd.} \quad \text{oder} \quad \sigma_{zul.} = \sigma_{zul.TB} / S$$

$$S = \tau_{zul.TB} / \tau_{vorhd.} \quad \text{oder} \quad \tau_{zul.} = \tau_{zul.TB} / S$$

Die zulässigen Tabellenwerte ($\sigma_{zul.TB}$, $\tau_{zul.TB}$) der Spannungen behandeln wir in einem späteren Kapitel. Siehe Kap. 7.2 + 8.

4. Zusammengesetzte Spannungen

In der Praxis gibt es selbstverständlich viele Fälle, in denen nur eine der angesprochenen Beanspruchungen auftritt.

Jedoch können und müssen wir davon ausgehen, dass ein Vorhandensein von mehreren Beanspruchungen gleichzeitig in der realen Welt doch häufiger vorkommt, als die vorgenannte Einzelbeanspruchung.

Das führt zwangsläufig dazu, dass wir Bauteile auch bemessen müssen, wenn eben vielfache Beanspruchungen auf sie einwirken.

Dies wiederum führt zu einer weiteren Überlegung.
Denn, wenn verschiedene Beanspruchungen gleichzeitig auf ein Bauteil wirken, hat das naturgemäß zur Folge, dass also auch verschiedene Spannungen auftreten.

Da diese Spannungen gemeinsam auftreten, muss also ein Weg gefunden werden, diese unterschiedlichen (Normal- und Schubspannungen) gleichermaßen zu addieren.

Platz für Ihre persönlichen Erweiterungen

In der technischen Mechanik haben Sie gelernt, dass Kräfte, die in der gleichen Ebene (Koordinatensystem mit x-, y- und z-Richtung) wirken addiert werden, wobei bekanntermaßen die Richtung durch das (gewählte) Vorzeichen festgelegt wird.

Nun können Sie aus diesem Wissen darauf schließen, dass Sie die unterschiedlichen Spannungen analog den bekannten Gesetzen der vektoriellen Addition auch direkt addieren können.

Das ist im Falle der Addition unterschiedlicher, gemeinsam auftretender Spannungen ohne Weiteres nicht möglich, da die Schubspannungen im Material andere Wirkungen haben als die sogenannten Normalspannungen.

Das führt in der Folge zu den sogenannten Spannungshypothesen.

4.1.Spannungshypothesen

Darunter wollen Sie bitte nichts anderes verstehen als den Grundgedanken, unterschiedliche Wirkungen auf ein Bauteil (Material des Bauteiles) bei gemeinsamem Auftreten unterschiedlicher Beanspruchungen und der daraus resultierenden Spannungen zu einer (Vergleichs)Spannungsgröße zusammenzufassen.

Das führt zu verschiedenen Überlegungen und den daraus resultierenden Hypothesen.
Entwickelt wurden drei Hypothesen:

Die Schubspannungshypothese, die Normalspannungshypothese und die Gestaltänderungsenergiehypothese.

Für Sie sind in der Praxis nur zwei von Bedeutung, weshalb ich nur auf diese beiden eingehen werde.

4.1.1 Gestaltänderungsenergie-Hypothese (kurz GEH)

Hier werden Normal- und Schubspannungen addiert und mit einer zulässigen Normalspannung verglichen.
Diese Hypothese verwenden wir zur Berechnung von Bauteilen und führt zu folgender Gleichung einer sogenannten Vergleichsspannung:

$$\sigma_V = \sqrt{\sigma^2 + 3 \cdot (\alpha_0 \cdot \tau)^2} \leq \sigma_{zul.}$$

Vergleichsspg, für Bauteile aus duktilen Werkstoffen

Anstrengungsverhältnis $\alpha_0 = \frac{\sigma}{\varphi \cdot \tau}$

Der Wert φ ist ein Faktor, der von den Hypothesen abhängig verschiedene Werte annimmt – hier ist φ = 1,73;

Für den im Maschinenbau häufig vorkommenden Fall, dass σ und τ in verschiedenen Belastungsfällen (s. Kap. 5) vorliegen, können wir für das Anstrengungsverhältnis folgende Aussagen treffen:

Platz für Ihre persönlichen Erweiterungen

α_0 = 1 wenn die unterschiedlichen Spannungen in gleichen Belastungsfällen auftreten – d. h. Biegung und Torsion I oder II oder III

α_0 = 0,7 wenn die unterschiedlichen Spannungen in unterschiedlichen Belastungsfällen auftreten – d. h. Biegung III und Torsion I oder II

α_0 = 1,5 wenn Biegung I (II), Torsion III

4.1.2 Normalspannungshypothese (kurz NH)

Auch hier werden Normal- und Schubspannungen addiert und mit einer zulässigen Normalspannung verglichen.
Diese Hypothese verwenden wir zur Berechnung von Schweißnähten nach DS 952 und DVS 1612 und Bauteilen aus nicht duktilen Stählen. Das führt zu folgender Gleichung der Vergleichsspannung:

$$\sigma_V = 0,5 \cdot (\sigma + \sqrt{\sigma^2 + 4 \cdot (\alpha_0 \cdot \tau)^2}) \leq \sigma_{zul.}$$

Vergleichsspg für Schweißnahtber. und Bauteile aus nicht duktilen Werkstoffen

Hier ist φ = 1;

5. Belastungsfälle

Es ist leicht vorstellbar, dass für ein Material nicht nur die Beanspruchungsart – Zug, Druck, Torsion etc. – sondern auch der zeitliche Verlauf einer Beanspruchung eine entscheidende Rolle spielt.

Es macht schon einen großen Unterschied, ob z. B. eine Kraft oder auch ein Moment über einen Zeitraum das Material konstant belastet oder im zeitlichen Verlauf sich Kraft und/oder Moment periodisch ändern.
Diesen erheblichen Unterschied in den denkbaren Belastungen beschreiben wir über Belastungsfälle.

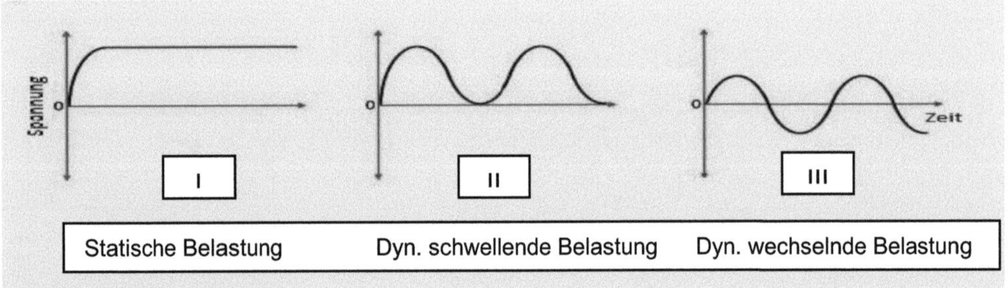

Wie aus dem gezeigten Diagramm unschwer erkennbar, unterscheiden wir drei Belastungsfälle.
Das führt zu einem neuen Wert, dem (Grenz)-**Spannungsverhältnis** ж (Kappa).

Platz für Ihre persönlichen Erweiterungen

5.1 Spannungsverhältnis

$Ж = F_{min.} / F_{max.} = \sigma_{min} / \sigma_{max}$ oder auch $M_{min} / M_{max.} = \tau_{min} / \tau_{max}$

Dies führt in einer eingehenden Betrachtung der Definition des Spannungsverhältnisses zu folgenden Zusammenhängen:

$Ж = 1$	Statische Belastung
$Ж < 1$ bis $= 0$	Dyn. schwellende Belastung
$Ж < 0$ bis $= -1$	Dyn. wechselnde Belastung

Hiermit haben wir einen weiteren wichtigen Kennwert geschaffen, der in verschiedenen Bereichen zur Ermittlung von zulässigen Spannungen – z. B. bei der Berechnung von Schweißnähten – zum Einsatz kommt.
Nachdem nun die Belastungsfälle bekannt sind, erklären sich die unterschiedlichen Werte des Anstrengungsverhältnisses im Kapitel 4.1.1.

6. Anwendungsfaktor

Für eine realitätsnahe Berechnung eines Bauteiles sind nicht nur die aus den Belastungen resultierenden Spannungen maßgeblich – hier sind die statischen und dynamischen Verläufe stark idealisiert – sondern auch Lastspitzen, die häufig Sonder- oder auch Einzelfälle darstellen.

Wichtig ist hierbei zu unterscheiden zwischen den periodisch erfassbaren dynamischen Belastungen und den vorgenannten Sonder- oder auch Einzelfällen.

Mit dieser Erkenntnis liegt es zwingend nahe, diese besonderen Lastspitzen in einer Bauteilberechnung unbedingt zu berücksichtigen.

Das führt zur Einführung eines neuen Faktors, dem **Anwendungsfaktor** $k_{A.}$

Die Erfassung solch eines Faktors im Umfeld von Versuchen ist naturgemäß sehr aufwändig, da dieser Wert von vielen Faktoren wie Antriebsmaschine, Arbeitsmaschine und den äußeren Betriebsverhältnissen abhängig ist.

Das wiederum hat zur Folge, dass wir uns hier mit langjährigen Erfahrungswerten behelfen und diese auch in einer Bauteilberechnung entsprechend berücksichtigen.

Mit diesem Anwendungsfaktor k_A bilden wir eine äquivalente **Ersatzbelastung**, um den dynamischen Festigkeitsnachweis zu erweitern.

$M_{t\,eq.} = k_A \cdot M_{t\,Nenn}$ = Äquivalenz Moment bzw.

$F_{eq.} = k_A \cdot F_{Nenn}$ = Äquivalenz Kraft

D. h., wenn Lastspitzen zu erwarten sind, sind die Normalwerte (ohne Lastspitzen vorhandenes Nennmoment, Nennkraft) mit dem Anwendungsfaktor zu erhöhen. Die weiterführende Bauteilberechnung wird dann mit diesen erhöhten Werten durchgeführt.

Platz für Ihre persönlichen Erweiterungen

Ausführliche Angaben zum Anwendungsfaktor finden Sie z. B. in DIN 3990, in der ISO 6336 und der DIN 3991, hier speziell für die Berechnung von Getrieben.

Arbeitsweise der Antriebsmaschine	Arbeitsweise der getriebenen Maschine			
	gleichmäßig	mäßige Stöße	mittlere Stöße	starke Stöße
gleichmäßig	1.00	1.25	1.50	1.75
leichte Stöße	1.10	1.35	1.60	1.85
mäßige Stöße	1.25	1.50	1.75	2.00
starke Stöße	1.50	1.75	2.00	2.25

Weitere beispielhafte Werte sind z. B. dem Diagramm von Richter-Ohlendorf zur Auslegung von Kupplungen, Kettentrieben, Riementrieben etc. zu entnehmen. Exakte Werte sind den Berechnungsunterlagen der Herstellerkataloge zu entnehmen.

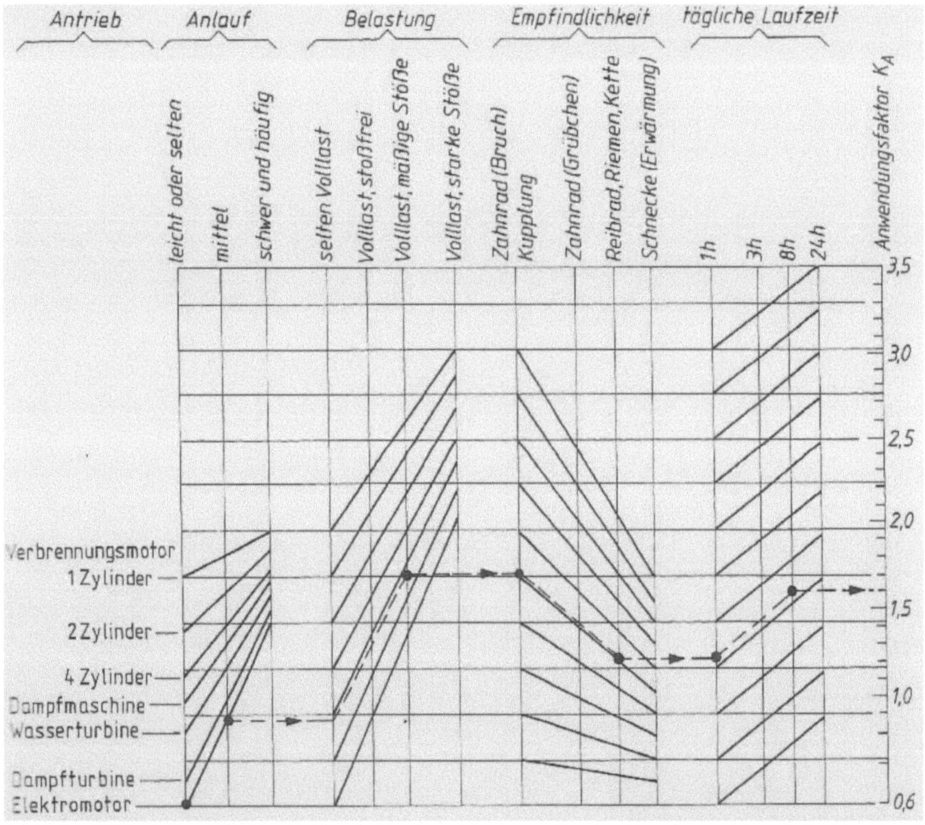

Diagramm v. Richter-Ohlendorf

7. Zulässige Spannungen

Wir unterscheiden grundsätzlich zwei Festigkeits- (Spannungs-) Werte:
Einerseits einen **statischen** und andererseits einen **dynamischen** Festigkeitswert.

Platz für Ihre persönlichen Erweiterungen

7.1 Statische Festigkeitswerte

Die statischen Werte beziehen wir aus dem schon erwähnten **Spannungsdehnungs- Diagramm**.
Hier kennen wir zwei Diagramme, eines für Stähle mit ausgeprägter Streckgrenze und ein zweites für Stähle mit nicht ausgeprägter Streckgrenze.

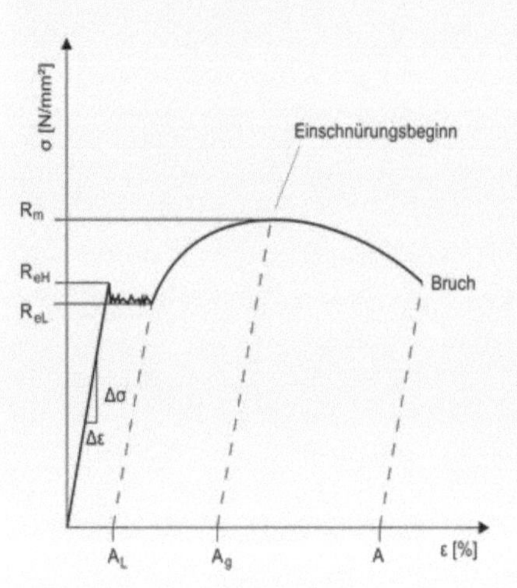

Stahl mit ausgeprägter Streckgrenze

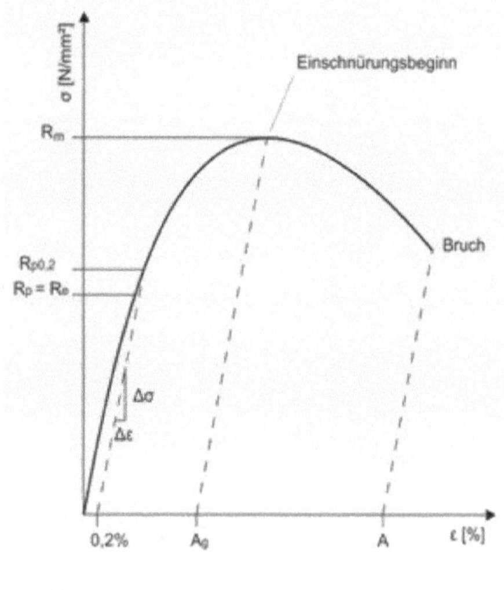

Stahl mit nicht ausgeprägter Streckgrenze

Im Diagramm für den Stahl mit ausgeprägter Streckgrenze sind zwei markante Werte erkennbar. Das ist zum einen der Wert R_e (die Streckgrenze) und zum Zweiten der Wert R_m (die Mindestzugfestigkeit).

Im Diagramm für den Stahl mit nicht ausgeprägter Streckgrenze sind wiederum zwei markante Werte erkennbar. Das ist zum einen der Wert R_p oder auch $R_{p\,0,2}$ genannt (die 0,2 % Dehngrenze, die die Streckgrenze hier ersetzt) und zum zweiten wiederum der Wert R_m (die Mindestzugfestigkeit).

Die aus den oben gezeigten Diagrammen ermittelten Spannungswerte sind aber nur für den untersuchten Probestabdurchmesser gültig.

Wir wissen, dass mit steigendem Durchmesser des Probestabes der dazugehörige zulässige Spannungswert abfällt.

Mit anderen Worten, die zulässige Spannung nimmt mit steigendem Materialquerschnitt ab.

Das geschieht, je nach Stahlqualität, bis zu einem Durchmesser von ca.120 mm. Darüber bleibt die zulässige Spannung konstant.

Um diesem Umstand Rechnung zu tragen, führen wir den **Größeneinflussfaktor** k_T ein.
Damit wird der tatsächlich zur Verfügung stehende Spannungswert korrigiert. Hier führen wir im Maschinenbau eine neue Bezeichnung ein. Wir ersetzen

R_e durch R_{et} und R_m durch R_{mt}.

$R_{et} = k_t \cdot R_e$ und $R_{mt} = k_t \cdot R_m$ wobei $k_{t'} \leq 1$, in Ausnahmefällen > 1

Platz für Ihre persönlichen Erweiterungen

Ein weiterer Einflussfaktor für die zulässigen Spannungen ist naturgemäß die Temperatur, der ein Bauteil (das Material des Bauteiles) ausgesetzt ist. Den Einfluss der Temperatur auf die zulässige Spannung erkennen Sie in einem nachstehenden Diagramm. Hier am Beispiel eines Vergütungsstahles gezeigt.
Temperatureinfluss auf den zul. Spannungswert – Beispiel eines Vergütungsstahles:

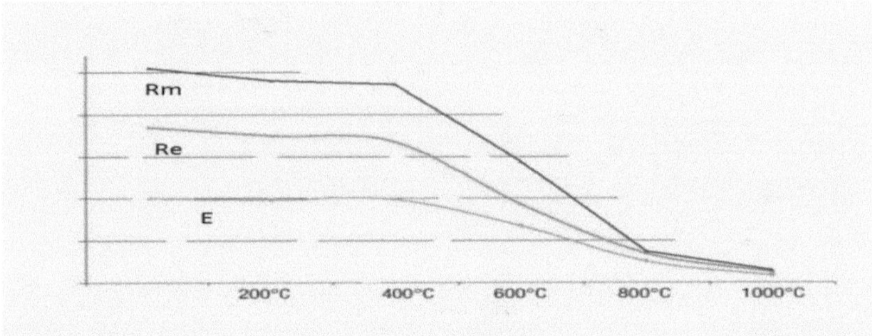

Bezugstemperatur ist in diesem Diagramm die Raumtemperatur. Bei tieferen Temperaturen als der Raumtemperatur sind R_e und R_m größer, jedoch nimmt das Verformungsvermögen bei vielen Werkstoffen merklich ab.

Einen weiteren Einfluss haben „Verletzungen" des Bauteiles, sogenannte Kerben. Wie aus der folgenden Zeichnung ersichtlich, haben diese daraus resultierenden Kerbspannungen markant höhere Werte im Vergleich zur Nennspannung.

Unter der Nennspannung verstehen wir die im nicht gekerbten Bereich vorliegenden rechnerischen Spannungen.

Weiterhin zu sehen ist in der Zeichnung ein Faktor $\beta_{k,}$ die sogenannte **Kerbwirkungszahl** zur Berücksichtigung der erhöhten **Kerbspannungen**.

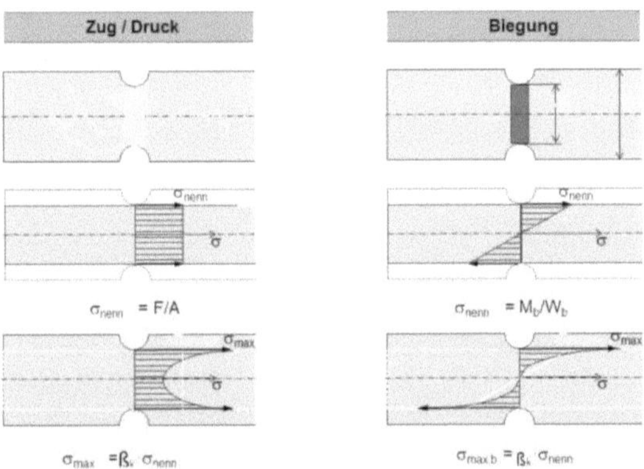

Einen weiteren Einfluss auf die zulässigen statischen Spannungswerte hat die Beanspruchungsgeschwindigkeit.

In Versuchen hat man festgestellt, dass die statischen Spannungswerte R_e und R_m mit steigender Beanspruchungsgeschwindigkeit ansteigen.

Des Weiteren hat die **Oberflächenrauigkeit** einen zusätzlichen Einfluss auf die zulässigen Spannungen.

Platz für Ihre persönlichen Erweiterungen

7.2 Dynamische Festigkeitswerte

Bei der Schwingbeanspruchung – dauerhafte Schwell- und Wechselbelastung – betrachten wir hier die tatsächliche ungleichmäßige Spannungsverteilung in einem Bauteilquerschnitt.
Die ungleichmäßige Spannungsverteilung wird durch geometrische und/oder metallurgische Kerben im Material hervorgerufen und führt zu einer zeitlichen Ermüdung und damit zum Dauerbruch des Werkstoffes.
Um diesen Dauerbruch zu vermeiden, benötigen wir genaueres Wissen über die Schwingfestigkeit eines Werkstoffes.

Wir unterscheiden hier zwischen einer Betriebs-, einer Zeit- und einer Dauerfestigkeit. Diese wiederum sind abhängig von der Stärke der Beanspruchung und der damit einhergehenden Schwingspielzahl N.

Wird ein Probestab einer Schwingbelastung – z. B. Zug- oder Biegewechselbelastung – mit einer entsprechenden Last ausgesetzt, kommt es nach einer bestimmten Schwingspielzahl (N) zum Bruch.
Senkt man nun die Last, resultiert daraus eine höhere Schwingspielzahl und der Bruch tritt später ein.
Nach Erreichen der sogenannten Grenzschwingspielzahl – bei Stahl liegt dieser Wert N bei $10 \cdot 10^6$ – tritt auch bei weiter fortgeführter Belastung kein Bruch mehr ein.

Den aus dieser Spannung resultierenden Wert nennen wir die Dauerfestigkeit, geschrieben z. B. als σ_D oder τ_D.
Diese Versuche führten zu dem gezeigten Diagramm von Wöhler, der sogenannten Wöhlerlinie.

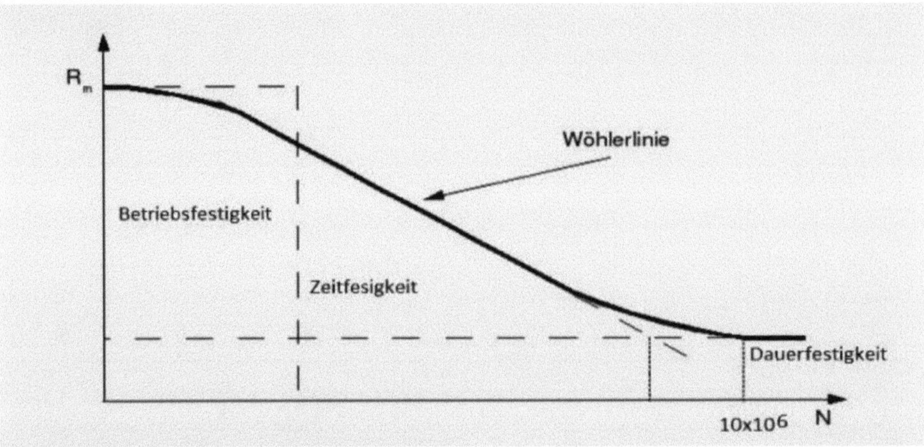

Tabellenbeispiel eines Wöhlerversuchs

Anz.	Spg.- Ausschlg.	N bis Bruch
1.	±350	4250
2.	±300	8383
3.	±250	21985
4.	±200	70355
5.	±180	108661
6.	±160	$10 \cdot 10^6$ ohne Bruch

Näherungswerte n. DIN 743 für Rundstahl:

$\sigma_{zulW} = 0{,}4 \cdot R_m$

$\sigma_{b\,W} = 0{,}5 \cdot R_m$

$\tau_{zulW} = 0{,}3 \cdot R_m$

Platz für Ihre persönlichen Erweiterungen

8. Praktische Festigkeitsberechnung

Hier eine Tabelle mit einer Auswahl von im Maschinenbau eingesetzten Stählen und deren statischen und dynamischen zulässigen Spannungswerten als Grundlage für die praktische Festigkeitsberechnung.

Alle Festigkeitswerte in N / mm²
E – Modul = 2,1 x 10^5 N / mm²
G – Modul = 8,1 x 10^4 N / mm²
Dauer-(Schwing)Festigkeitswerte n. DIN 743-3

DIN Bezeichnung	Werkstoff Nummer	A %	R_{mN}	R_{eN} $R_{p0,2}$	$\sigma_{zul\ WN}$ ($\sigma_{zul\ Sch}$)	$\sigma_{zul\ b\ WN}$ ($\sigma_{zul\ b\ Sch}$)	$\tau_{zul\ WN}$ ($\tau_{zul\ Sch}$)	Relat. Werkst. Kosten
Einsatzstahl		Bruch Dehnung	Mindest-Zugfestigkeit	Streck Grenze	Zug-/Druck zul. Spg. Wechsel + Schwellbel.	Biegung zul. Spg. Wechsel + Schwellbel.	Schubspg. zul. Spg. Wechsel + Schwellbel	
C10E	1.1121	16	500	310	200 (310)	250 (370)	150 (215)	1,1
C15E	1.1141	14	800	545	320 (540)	400 (655)	240 (380)	
17Cr3	17.016	11	800	545	320 (540)	400 (655)	240 (380)	1,7
28Cr4	17.030	10	900	620	360 (590)	450 (740)	270 (430)	
16MnCr5	17.131	10	1000	695	400 (640)	500 (800)	300 (480)	
20MnCr5	17.147	8	1200	850	480 (725)	600 (910)	360 (590)	
20MoCr4	17.321	10	900	620	360 (590)	450 (740)	270 (430)	
22CrMoS3-5	17.333	8	1100	775	440 (685)	550 (855)	330 (535)	
20NiCrMo2-2	16.523	10	1100	775	440 (685)	550 (855)	330 (535)	
17CrNi6-6	1.5918	9	1200	850	480 (725)	600 (910)	360 (590)	2,1
18CrNiMo7-6	1.6587	8	1200	850	480 (725)	600 (910)	360 (590)	
Baustahl								
S235JR	1.0038	26	360	235	140 (235)	180 (280)	105 (165)	1
S235J0	1.0114							
S235J2	1.0117							
S275JR	1.0044	23	430	275	170 (275)	215 (330)	125 (190)	1,05
S275J0	1.0143							
S275J2	1.0145							
S355JR	1.0045	22	510	355	205 (355)	255 (425)	150 (245)	
S355J0	1.0553							
S355J2	1.0577							
S355K2	1.0596							
S450J0	10.590	17	550	450	220 (400)	275 (505)	165 (310)	
S185	1.0035	18	310	185	—	—	—	1,1
E295	1.0050	20	490	295	195 (295)	245 (355)	145 (205)	1,7
E335	1.0060	16	590	335	235 (335)	290 (400)	180 (230)	
E360	1.0070	11	690	360	275 (360)	345 (430)	205 (250)	

Feinkorn-Baustahl								
S275N (NL)	1.0490	24	370	275	150 (275)	185 (330)	110 (190)	1,8
S275M (ML)	1.8818	22	470	355	190 (355)	235 (425)	140 (245)	2,2
S355N (NL)	1.0545	19	520	420	210 (390)	260 (480)	155 (295)	
S355M (ML)	1.8823	17	540	460	215 (395)	270 (495)	160 (305)	
S420N (NL)	1.8902							
S420M (ML)	1.8825							
S460N (NL)	1.8901							
S460M (ML)	1.8827							
DIN Bezeichnung	Werkstoff Nummer	A %	R_{mN}	R_{eN} $R_{p0,2}$	$\sigma_{zul\ WN}$ ($\sigma_{zul\ Sch}$)	$\sigma_{zul\ b\ WN}$ ($\sigma_{zul\ b\ Sch}$)	$\tau_{zul\ WN}$ ($\tau_{zul\ Sch}$)	Relat. Werkst. Kosten

Alle Festigkeitswerte in N/mm²
E-Modul = 2,1 x 10^5 N/mm²
G-Modul = 8,1 x 10^4 N/mm²
Dauer- (Schwing)Festigkeitswerte n. DIN 743-3

DIN Bezeichnung	Werkstoff Nummer	A %	R_{mN}	R_{eN} $R_{p0,2}$	$\sigma_{zul\ WN}$ ($\sigma_{zul\ Sch}$)	$\sigma_{zul\ b\ WN}$ ($\sigma_{zul\ b\ Sch}$)	$\tau_{zul\ WN}$ ($\tau_{zul\ Sch}$)	Relat. Werkst. Kosten
Keilstahl		Bruch Dehn-ung	Mindest-Zugfestig-keit	Streck Gren-ze	Zug-/Druck zul. Spg. Wechsel + Schwellbel.	Biegung zul. Spg. Wechsel + Schwellbel.	Schubspg. zul. Spg. Wechsel + Schwellbel	
S235JRG2C	1.0122	9	420	300	165 (300)	210 (360)	125 (210)	1,6
S355J2G3C	1.0569	7	600	450	240 (430)	300 (540)	180 (310)	1,7
E295GC	1.0533	7	600	420	240 (420)	300 (505)	180 (290)	
E335GC	1.0543	6	680	480	270 (475)	340 (575)	205 (330)	
35S20	1.0726	7	590	400	235 (400)	295 (480)	175 (275)	
44SMn28	1.0762	5	710	530	285 (495)	355 (620)	210 (365)	
C10	1.0301	9	430	300	170 (300)	215 (360)	130 (210)	
C15	1.0401	8	480	340	190 (340)	240 (410)	145 (235)	
C35	1.0501	7	600	420	240 (420)	300 (505)	180 (290)	1,7
C45	1.0503	6	710	500	285 (495)	355 (600)	210 (345)	1,8
C60	1.0601	5	780	550	310 (530)	390 (660)	235 (380)	

Werkstoff-Kennwerte – Vergleich zu anderen Werkstoffen – Anhaltswerte

Werkstoff	Elastizitätsmodul (N/mm^2)	Gleitmodul (N/mm^2)	Querdehnungszahl
Stahl/Stahlguss	$2.1 \cdot 10^5$	$0,81 \cdot 10^5$	0.3
Grauguss	$0.8 \cdot 10^5$		0.1 ... 0.2
Kupfer	$1.2 \cdot 10^5$		0.3
Messing	$0.9 \cdot 10^5$		0.3
Aluminium	$0.7 \cdot 10^5$	$0.27 \cdot 10^5$	0.3
Stahlbeton	$0.4 \cdot 10^5$		0 ... 0.16

8.1 Größeneinflussfaktor K_T

Berücksichtigt die Abnahme der zul. Spannungswerte – der Dauerfestigkeit – mit steigender Materialstärke.

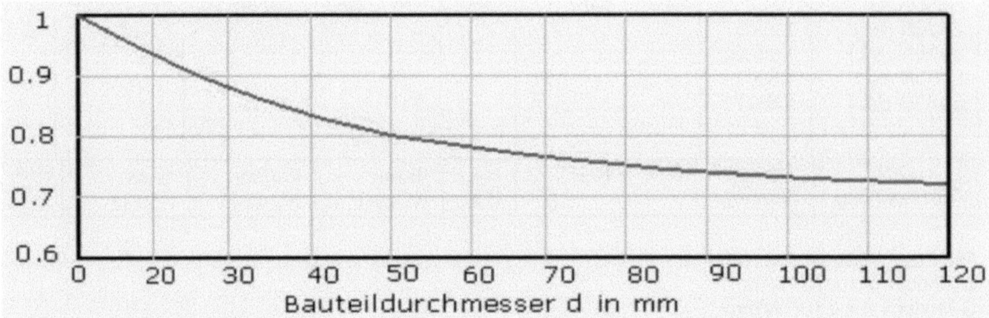

8.2 Kerbwirkungszahl β_K

Berücksichtigt die Abnahme der zul. Spannungswerte – der Dauerfestigkeit – durch den Einfluss von Kerben wie z. B. von Querbohrungen, Passfedernuten, Einstichen für Wellensicherungsringe nach DIN 471 usw.

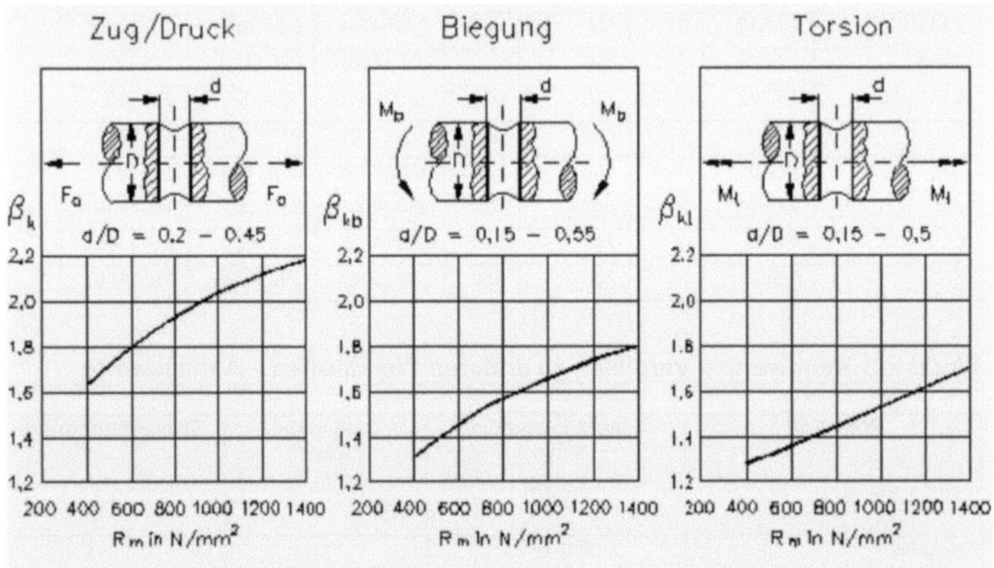

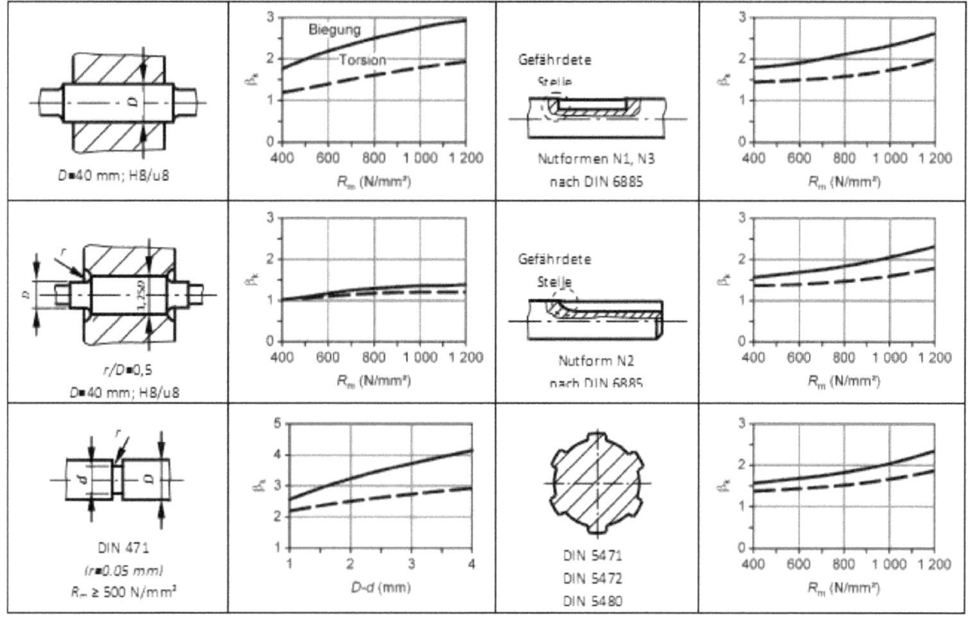

Kerbwirkungszahlen β_K Anhaltswerte

Kerbform	Beanspruchungsart	R_m N/mm²	β_k
Hinterdrehung in Welle (Rundkerbe)	Biegung	600	2,2
Hinterdrehung in Welle (Rundkerbe)	Torsion	600	1,8
Nut für Wellensicherungsring	Biegung	1000	3,5
	Torsion		2,5
abgesetzte Welle (Lagerzapfen)	Biegung	600	2,2
abgesetzte Welle (Lagerzapfen)	Torsion	600	1,4
Passfedernut in Welle	Biegung	600	2,5
Passfedernut in Welle	Biegung	1000	3,0
Passfedernut in Welle	Torsion	600	1,5
Passfedernut in Welle	Torsion	1000	1,8
Querbohrung in Achse	Biegung und Torsion	600	1,6
Flachstab mit Bohrung	Zug	360	1,7
Flachstab mit Bohrung	Biegung	360	1,4
Welle mit durch Querpressverband	Biegung	1000	2,7
befestigter Nabe	Torsion		1,8
Genauere Werte finden Sie in DIN 743-2			

8.3 Oberflächeneinflussfaktor K_0 (Anhaltswerte)

Berücksichtigt die Abnahme der zul. Spannungswerte – der Dauerfestigkeit – durch den Einfluss der Oberflächenrauigkeit, entstanden z. B. durch Fertigungsriefen beim Drehen oder Schleifen.

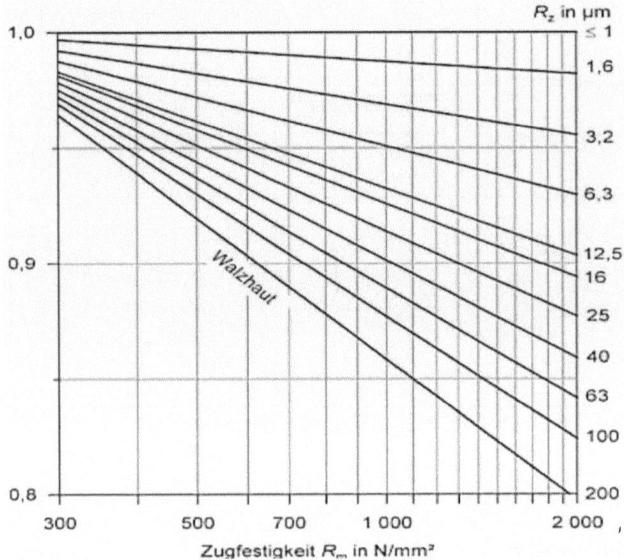

9. Dauerbruchsicherheit S_D

Bei **statischer Belastung** hat die Wirkung von Kerben, z. B. durch Einstiche für Seegerringe, Passfedernuten, Querbohrungen in Wellen oder Achsen, keinen Einfluss auf eine Spannungserhöhung.

Im Gegenteil wird hier durch eine Stützwirkung nicht beteiligter Stoffteilchen das Gegenteil erreicht.

Somit gilt für Stähle bei **statischer Belastung** in allen Beanspruchungsarten wie Zug, Druck, Biegung und Schub:

Mit ausgeprägter Streckgrenze:

$$S_D = R_e / \sigma_{nenn} \text{ oder } S_D = R_{p\,0,2} / \sigma_{nenn} \quad \text{und} \quad S_{D\,min.} = 1{,}3 \text{ bis } 1{,}5$$

Ohne ausgeprägte Streckgrenze:

$$S_D = R_m / \sigma_{nenn} \quad \text{und} \quad S_{D\,min.} = 2$$

Bei **dynamischer Belastung** können wir die Wirkungen aus dem Oberflächeneinfluss, dem Kerbwirkungseinfluss und dem Größeneinfluss im Gegensatz zur ruhenden Belastung nicht ignorieren.

Platz für Ihre persönlichen Erweiterungen

Für Stähle mit **dynamischer Belastung** gilt deshalb, wiederum in allen Beanspruchungsarten wie Zug, Druck, Biegung und Schub:

$$S_D = \frac{\sigma_D \cdot K_0 \cdot K_T}{\sigma_{nenn} \cdot \beta_K}$$

$$\geq S_{D\,min.} = 1{,}2$$

S_D = Mindest-Sicherheit gegen Dauerbruch
σ_D = Dauerfestigkeit nach Tabellen Kap. 8 in Abhängigkeit des jeweiligen Belastungsfalles

σ_{nenn} = Nennspannung, errechnet mit Spg.- Gleichg im nicht gekerbten Querschnitt.

K_0 = Oberflächenfaktor nach Kap. 8.3
K_T = Größeneinflussfaktor nach Kap. 8.1

β_K = Kerbwirkungszahl nach Kap. 8.2

Die maximale Spannung im gekerbten Bereich ergibt sich damit zu

$$\sigma_{max.} = \sigma_{nenn} \cdot \beta_k$$

σ_{max} = Spitzenspannung durch die Kerbe
σ_{nenn} = Nennspannung im Bereich des ungekerbten Querschnittes

Diese Berechnung der Sicherheit gegen Dauerbruch hat naturgemäß auch Gültigkeit, wenn keine Kerbwirkung vorliegt.
In diesem Fall wird die Kerbwirkungszahl β_k = 1 gesetzt.

Nachdem mithilfe der obigen Gleichung eine ausreichende Sicherheit gegen Dauerbruch nachgewiesen ist, gehen wir von einem dauerfesten Bauteil aus.

In Einzelfällen, in denen die tatsächliche Belastung des Bauteiles unsicher ist und damit Folgeschäden drohen, sollte die oben genannte Mindest-Sicherheit über dem Wert von 1,2 angenommen werden. Ich persönlich habe im Laufe meiner Konstruktionstätigkeit problemlos mit einem Minimum von 1,3 gerechnet.

.

10. Stabilitätsfall Knickung

Auch im Maschinenbau werden Bauteile auf Druck belastet (z. B. die Spindel einer Autohebebühne, Vorschubspindel einer Drehmaschine).

Wenn das Verhältnis der Länge des Bauteiles zur Profil-Querschnittsfläche als groß zu bezeichnen ist, neigt dieses Bauteil dazu, quer zur Druckrichtung auszuweichen. Dieses Ausweichen bezeichnen wir als Knicken.

Wenn das vorgenannte Verhältnis der Länge des Bauteiles zur Profil-Querschnittsfläche groß ist, bezeichnen wir das Bauteil als schlank.

Das führt zu einer der bezeichnenden Kenngrößen des Nachweises der Sicherheit gegen Knicken, dem Schlankheitsgrad λ.

Das Ausweichen kann geschehen, obwohl Sie nachgewiesen haben, dass die vorhandene Druckspannung σ_d unterhalb der zulässigen Spannung liegt.

Platz für Ihre persönlichen Erweiterungen

Deshalb sprechen wir hier nicht von einem spannungstechnischen Versagen des Bauteiles, sondern von **einem Versagen wegen fehlender Stabilität.**

Als zulässige Spannung bei knickgefährdeten Bauteilen rechnen wir mit der zulässigen Druckspannung an der Proportionalitätsgrenze σ_{DP}.

Diese besondere Problematik der Knickgefahr hat dann auch zur Definition neuer Größen geführt, um den Nachweis einer ausreichenden Stabilität zu führen.

Das führte zu entsprechenden Untersuchungen und dem Erstellen einer Anzahl von Gleichungen.

Die Ergebnisse dieser Untersuchungen schreiben wir den Wissenschaftlern Euler, Tetmajr und Johnson zu.

Diese schufen ein Diagramm, dass die Zusammenhänge zwischen der sogenannten Knickspannung σ_k und dem Schlankheitsgrad λ darstellt.

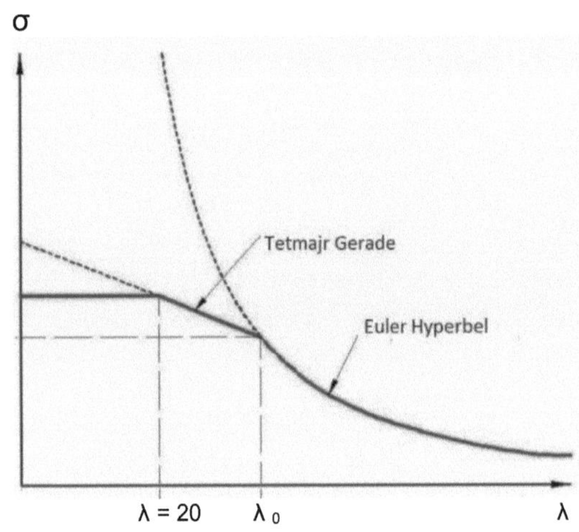

$\lambda \leq 20$ = kein Nachweis erforderlich – Quetschbereich

$\lambda \geq 20 \leq \lambda_0$ = Tetmajr Bereich – Unelastischer Bereich → Tetmajr Gleichungen

$\lambda > \lambda_0$ = Euler Bereich – Elastischer Bereich → Euler Gleichung

Schlankheitsgrad:

$$\lambda = \frac{l_k}{i} = \frac{\beta \cdot L}{i}$$

lk = Rechnerische (freie) Knicklänge

β = Knickzahl
L = Reale Länge des Bauteiles s. auch Knickfälle
i = Trägheitsradius

Trägheitsradius

$$i = \sqrt{\frac{I_{min.}}{A}}$$

I_{min} = Kleinstes Flächenmoment des Bauteiles

A = Querschnittsfläche des Bauteiles

Platz für Ihre persönlichen Erweiterungen

Johnson-Gleichung → Grenzschlankheitsgrad:

$$\lambda_0 = \pi \cdot \sqrt{\frac{E}{\sigma_{DP}}} = \pi \cdot \sqrt{\frac{E}{0{,}8 \cdot Re}}$$

λ_0 = Grenzschlankheitsgrad

E = Elastizitätsmodul

σ_{DP} = Zul. Druckspg. an der Proportionalitätsgrenze - In der Praxis hinreichend genau mit $0{,}8 \cdot Re$

Knickspannung nach Euler:

$$\sigma k = \frac{\pi^2 \cdot E}{\lambda^2}$$

σ_k = Knickspannung

σ_D = Druckspannung

Druckspannung allgemein:

$$\sigma_D = \frac{F}{A}$$

F = Wirkende Druckkraft

Sicherheit gegen Knicken:

$$\vartheta = \frac{\sigma_K}{\sigma_D}$$

ϑ = Sicherheit gegen Knicken – min. 3 bis 6!

Knickfälle:

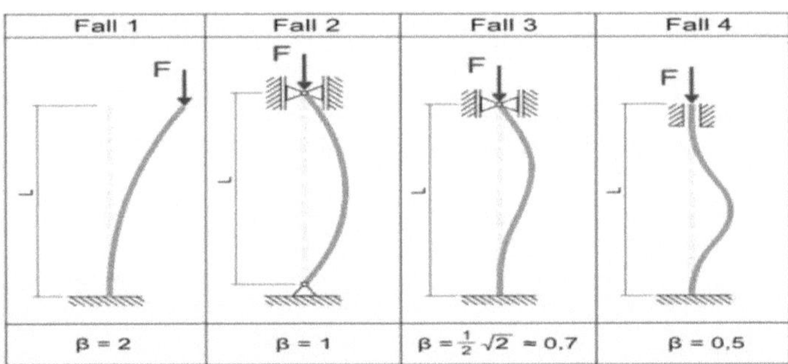

Wie aus den vorgenannten Gleichungen erkennbar, gibt es die Knickzahl β.

Diese ist, wie aus vorstehendem Bild erkennbar, abhängig von den jeweils vorliegenden Einspannverhältnissen des auf Druck belasteten Bauteiles.

In der Praxis ist wohl der am häufigsten auftretende Fall jener, dass uns aus vorhergehenden Rechnungen die wirkende Druckkraft bekannt ist und wir somit die Bauteilgröße (den Bauteilquerschnitt) bestimmen wollen.

Es ist somit sinnvoll, dass wir aus den vorgenannten Gleichungen eine „All Round“-Gleichung herleiten.

Platz für Ihre persönlichen Erweiterungen

Mit dieser Gleichung können wir im elastischen Euler-Bereich mit einer gewünschten Sicherheit gegen Knicken (ϑ) und einer bekannten Druckkraft (F), als auch mit einer bekannten Einspannung (Knickfall), jeden beliebigen notwendigen Bauteilquerschnitt ermitteln.

$$I = \frac{F \cdot \beta^2 \cdot L^2 \cdot \vartheta}{E \cdot \pi^2}$$ oder

mit einem bekannten Bauteilquerschnitt (bestimmt durch das Flächenmoment I), eine zulässige Kraft F errechnen. →

$$F = \frac{I \cdot E \cdot \pi^2}{\beta^2 \cdot L^2 \cdot \vartheta}$$

Die im Maschinenbau am häufigsten auftretenden Fälle, die eine denkbare Knickung zur Folge haben können, sind Bewegungsschrauben und Spindeln.

Hier sind z. B. zu nennen die Vorschubspindel einer Drehmaschine, die Arbeitsspindel einer Presse und die Hubspindel einer Hebebühne etc.

Diese Spindeln sind normalerweise aus vollem Rundmaterial gefertigt.

Mit Einsetzen des axialen Flächenmomentes für ein kreisrundes Profil erhalten wir dann die folgende Gleichung zur Ermittlung eines erforderlichen Durchmessers.

Dieser wird praxisnah errechnet mit einer vorgewählten Sicherheit (ϑ), einer bekannten Druckkraft (F) und einer bekannten Einspannung (Knickfall), die Sie als Konstrukteur im Vorwege festgelegt haben.

→ $$d = \sqrt[4]{\frac{F \cdot \beta^2 \cdot L^2 \cdot \vartheta \cdot 64}{E \cdot \pi^3}}$$

Diese Gleichungen haben wir auf der Grundlage der Euler-Gleichung aufgebaut. Die Euler-Gleichung hat nur Gültigkeit im Bereich der Hook'schen Geraden, im elastischen Bereich, also wenn $\lambda > \lambda_0$.

Wenn also Ihre Berechnung des Schlankheitsgrades einen Wert ergibt, der kleiner als λ_0 ist, hat die Euler-Gleichung keine Gültigkeit mehr.

Die zugehörige Spannung bei λ_0 entspricht der Spannung an der Proportionalitätsgrenze σ_{DP}.

Wenn also $\lambda < \lambda_0$ ist, befinden wir uns einem Bereich, in dem die Knickspannung oberhalb der Proportionalitätsgrenze $\sigma_{DP'}$ liegt. Tetmajr und andere haben aus Versuchen Gleichungen entwickelt, die dieser Tatsache Rechnung tragen.

Im Gegensatz zu dem Bereich, in dem die Euler-Gleichung Gültigkeit hat, gibt es im

Platz für Ihre persönlichen Erweiterungen

Bereich von Tetmajr nicht eine einzelne Gleichung, sondern jeweils eine dem Material zugeordnete Zahlenwertgleichung.

Im Folgenden eine Auswahl von Tetmajr-Gleichungen zur Berechnung von $\sigma_{k.}$

Werkstoff	E-Modul N/mm²	Grenz-schlankheitsgrad λ_0	Tetmajer-Gleichungen N/mm²
Nadelholz	10 000	100	$\sigma_K = 29{,}3 - 0{,}194 \cdot \lambda$
Gusseisen	100 000	80	$\sigma_K = 776 - 12 \cdot \lambda + 0{,}053 \cdot \lambda^2$
S235JR	210 000	105	$\sigma_K = 310 - 1{,}14 \cdot \lambda$
E295 und E335	210 000	89	$\sigma_K = 335 - 0{,}62 \cdot \lambda$

Berechnung von σ_K nach Tetmajr im unelastischen Bereich

$$\sigma_k = R_{p\,0,2} \cdot \left[1 - 0{,}2\left(\frac{\lambda_{vorh.}}{\lambda_0}\right)^2\right]$$

11. Druck und Biegung

Ein spezieller Fall von gemeinsam auftretenden Spannungen ist der Fall, wenn Druckkraft und Biegekraft ein Bauteil gleichzeitig belasten.

Dieser Fall ist selten, da wir im Maschinenbau normalerweise die auftretende Biegung in getrennten Führungen abfangen.

Dies ist z. B. bei der Vorschubspindel einer Drehmaschine, bei Spindelpressen, Hebebühnen für Kfz u. a. der Fall.

Damit erreichen wir, dass eine für die Bewegung der Masse verantwortliche Spindel nur für die Bewegung zuständig ist, und damit keine biegenden Momente aufnehmen muss.

Die Spindel wird hier also nur auf Druck belastet und muss im Zweifel ($\lambda > 20$) auf Knicksicherheit überprüft werden.

Im folgenden Bild wird die **Spannungsverteilung** an einem unsymmetrischen Profil dargestellt, das auf **Druck und Biegung** belastet wird.

Platz für Ihre persönlichen Erweiterungen

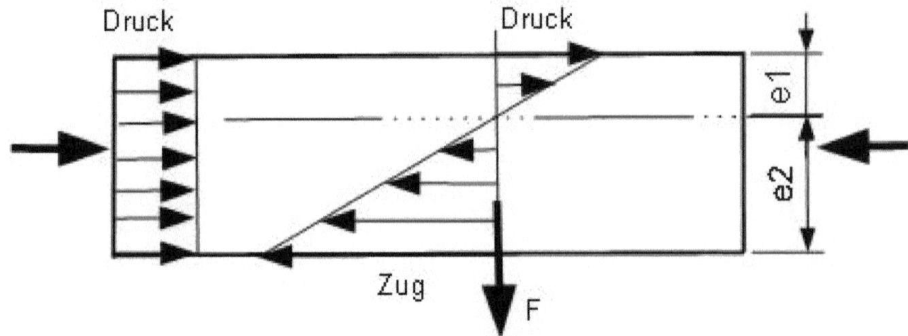

Wie unschwer erkennbar, findet hier auf der Druckseite eine Addition der beiden Druckspannungen statt (Druckspannung aus der Druckbelastung und Druckspannung aus der Biegebelastung).

Auf der Zugseite sehen wir, dass die Zugspannung aus Biegung und die Druckspannung aus der Druckbelastung gegenläufig sind und damit subtrahiert werden.

Druckseite	Zugseite
$\sigma_{\mathrm{DRes.}} = \sigma_D + \sigma_{bD}$	$\sigma_{\mathrm{ZRes.}} = \sigma_D - \sigma_{bZ}$

$\sigma_{\mathrm{DRes.}}$ = Resultierende Druckspannung
σ_D = Druckspannung
σ_{bD} = Biegedruckspannung

$\sigma_{\mathrm{ZRes.}}$ = Resultierende Zugspannung
σ_D = Druckspannung
σ_{bZ} = Biegezugspannung

Wenn Sie aufgrund der Schlankheit des Bauteiles, also wenn der Schlankheitsgrad $\lambda > 20$ ist, einen Nachweis der Knicksicherheit durchführen müssen, setzen Sie bitte für σ_D den Wert $\sigma_{D\mathrm{Res.}}$ in die Gleichung zum Nachweis der Knicksicherheit ein.

Die oben genannte Gleichung der Summe der Druckspannung und Biegedruckspannung ($\sigma_{\mathrm{DRes.}}$) als auch die Gleichung der Summe der Druckspannung und der Biegezugspannung ($\sigma_{\mathrm{ZRes.}}$) haben naturgemäß auch Gültigkeit, wenn kein Nachweis einer Knicksicherheit notwendig ist.

Das bedeutet:

Jedes Bauteil, das gleichzeitig auf Druck und Biegung belastet wird, muss demzufolge mit der größten auftretenden Spannung ($\sigma_{\mathrm{DRes.}}$ oder $\sigma_{\mathrm{ZRes.}}$) festigkeitsmäßig nachgewiesen werden.

→ Die Addition der beiden Druckspannungen wird immer zu einem positiven Ergebnis führen.

Die Addition der Druckspannung und der Zugspannung kann einen negativen Wert annehmen.

In diesem Fall ist nur der **Betrag** des Ergebnisses für die maximale Belastung entscheidend.

Platz für Ihre persönlichen Erweiterungen

Sachwortverzeichnis

0

A

B

D

E

F

G

H

I

J

K

L

M

N

O

P

Q

R

S

T

U

V

W

Z